黄土丘陵区整地与植被恢复耦合下生态水文效应

冯天骄　著

黄 河 水 利 出 版 社

· 郑 州 ·

内 容 提 要

本书通过野外监测与室内分析，系统探讨了整地措施与植被恢复对黄土高原地区土壤理化性质及水文循环的影响。书中以甘肃省定西市龙滩流域为研究区域，全面分析了不同整地方式（如水平沟、鱼鳞坑、反坡台等）及植被类型（如柠条、油松、侧柏等）对土壤水分、养分动态、减流减沙效益、土壤碳储量等生态水文效应的影响。研究结果表明，整地措施能显著提高土壤的保水供水能力，尤其在干旱季节能有效改善土壤水分状况，同时不同植被类型也表现出各自独特的水文效应。全书通过定量分析与模型建立，深入探讨了整地与植被恢复在减缓水土流失、改善生态环境方面的协同作用，揭示了二者对生态系统服务功能的提升机制。

本书为黄土丘陵区的生态修复与水土保持提供了科学依据和技术支持，适合生态恢复、土壤水文、环境保护等领域的科研人员和工程技术人员阅读参考。

图书在版编目（CIP）数据

黄土丘陵区整地与植被恢复耦合下生态水文效应 / 冯天骄著. -- 郑州：黄河水利出版社，2025. 8.

ISBN 978-7-5509-4259-2

Ⅰ. S341. 2；Q948. 52；X143

中国国家版本馆 CIP 数据核字第 202523WC40 号

组稿编辑：王路平　电话：13623813888　微信：hhslwlp

韩莹莹　0371-66025553　13663819970

责任编辑　王文科　责任校对　兰文峡　封面设计　黄瑞宁　责任监制　李　鹏

出版发行　黄河水利出版社　网址：www. yrcp. com　E-mail：hhslcbs@ 126. com

地址：河南省郑州市顺河路 49 号　邮政编码：450003

发行部电话：0371-66020550、66028024

承印单位　河南承创印务有限公司

开　　本　890 mm×1 240 mm　1/32

印　　张　4. 25

字　　数　130 千字

版次印次　2025 年 8 月第 1 版　2025 年 8 月第 1 次印刷

定　　价　38. 00 元

前 言

随着我国黄土丘陵区水土流失问题的日益加剧,整地与植被恢复作为生态治理的关键手段,受到了广泛关注。黄土丘陵区独特的地形和干旱半干旱的气候条件,使其成为全球最具生态脆弱性的地区之一,水土流失问题长期困扰着当地的经济和生态系统。本书的编写正是基于对这一问题的深刻认识,旨在系统探讨整地措施与植被恢复在生态水文效应中的耦合作用,并为该地区的生态治理提供理论与实践依据。

国内外对于水土保持和生态恢复的研究虽然取得了一定进展,尤其是我国在坡面水文过程和植被配置优化方面,但由于黄土丘陵区的特殊自然条件,这些研究成果在我国的应用仍存在一定局限。在国内,尽管已有大量关于整地与植被恢复的研究,但大多集中在单一措施的效果评估,缺乏对整地与植被恢复耦合作用的综合研究。因此,本书通过长期的田间实地观测与实验室分析,深入研究了黄土丘陵区典型整地方式和植被类型组合对土壤理化性质、水分动态及生态系统服务功能的影响,从而填补了这一领域的研究空白。

本书共分为六个章节,第一章主要介绍了黄土丘陵区的水土流失现状及研究背景,分析了国内外相关研究的进展和不足,明确了本书的研究目标与技术路线。第二章详细描述了研究区的自然地理概况及研究方法,涵盖了整地措施的类型和植被恢复模式,并介绍了各实验小区的设置与数据收集方法。第三章着重分析了不同整地措施与植被恢复对土壤理化性质的影响,揭示了不同处理组合下土壤物理结构、养分含量的变化规律及其生态效应。第四章则深入研究了整地与植被恢复耦合作用对土壤水分动态的影响,探讨了不同季节和土层深度的水分变化特征。第五章则综合探讨了整地与植被恢复对土壤固碳、养分供给、水源涵养等生态系统服务功能的提升效应,并结合实地数据进行了模型模拟分析。第六章结论与展望。

通过定量分析和模型构建,本书不仅揭示了整地措施与植被恢复在改善生态环境方面的协同作用机制,还为黄土丘陵区的生态修复与水土保持提供了科学依据与技术支持。本书的研究成果对推进黄土丘陵区乃至其他类似区域的生态修复实践,优化水土保持和植被恢复措施具有重要的现实意义。

在本书的编写过程中,作者得到了中国科学院生态环境研究中心和甘肃省定西市水土保持与科学研究所的大力支持,在此向所有提供帮助的单位和个人表示衷心的感谢!同时,书中引用了大量参考文献,对这些文献的作者也表示诚挚谢意!

尽管在编写过程中尽力做到详实严谨,但由于作者水平有限,书中难免存在不足,恳请广大读者批评指正,以帮助进一步完善这项研究成果!

作　者

2024 年 9 月

目 录

第一章 绪 论

第一节 研究背景与意义

一、黄土高原目前存在的生态问题

黄土高原是中国水土流失最严重的地区之一,也是世界范围内典型的水土流失问题严重的地区。这一方面是由黄土高原自然因素的特殊性所引起的,另一方面人为对土地不合理利用也导致了水土流失的加剧。目前,黄土高原主要存在的生态问题是水土流失严重、自然环境被破坏,同时落后的生产水平和恶化的生态环境存在着互相制约、恶性循环的难题,而且黄土高原的生态环境一经破坏,由于其自然条件的特殊性,在其特定的气候、植被、土壤等条件下,生态系统较为脆弱,恢复生态系统功能需要较长时间,这就给本来脆弱的自然环境保护带来了压力。

总结黄土高原现存问题主要有两点,一是自然环境脆弱,侵蚀严重;二是生产落后,治理和发展生态环境和社会经济都存在着阻碍和难题,生态系统的脆弱性和社会经济发展带来的问题也让黄土高原地区日益严重的生态问题更加严峻。

二、黄土高原生态问题的主要原因

黄土高原地区导致生态问题产生的因素有很多,主要包括历史因素、气候因素、植被因素、土质因素和人为因素等。

历史上对黄土高原的开发和利用就给黄土高原的生态问题留下了隐患,根据郑肇经编写的《中国水利史》一书中统计,黄河下游泛滥与决口的频率一直持续增加:唐代时每 10 年发生一次,宋代为 2 年一次,到了清代则每年平均近2次,而民国时期每年平均达到4次以上,从历史上可见黄土高原的生态问题一直没有解决并持续地加重。

环境因素也是黄土高原环境问题产生的重要原因。一方面,黄土高原属暖温带大陆季风气候,春冬两季受两极干冷气团影响,寒冷而干燥,同时多风多沙;夏秋两季的温度较高、气候干燥,同时也是暴雨多集中的时期。这样的气候条件导致水土易流失,风蚀、水蚀严重,十分不利于水土保持。另一方面,黄土高原的黄土土质松散,土层较厚,孔隙分布主要以大孔隙为主,且从其颗粒组成分析,土壤下渗性强,黄土颗粒细,土质松软,这样的土质在长期的水蚀风蚀下地面被分割得支离破碎,形成沟壑交错其间的塬、墚、峁、川。

人为因素主要包括对黄土高原的不合理开发和利用,破坏了黄土高原的生态环境。其中主要的是对土地利用不合理,如农、林、牧等经济用地不合理分配等,黄土高原地区的植被覆盖对黄土高原地区的生态环境影响重大,植被是增加土壤抗蚀性能和保护土壤的唯一自然因素。这些利用方式无疑给生产生活带来不便,更大的恶果是对生态系统和环境的破坏。

其中历史因素和人为因素属于人文因素,而气候因素、土质因素、植被因素属于自然因素,自然因素和人为因素两者共同作用使黄土高原地区的生态环境问题越来越严峻。

三、黄土高原地区实行整地方式的意义

黄土高原地处半干旱区,其土壤水分由于降雨补给少、蒸散损耗大,且降雨形式以暴雨集中,导致水土流失严重,所以土壤供水很弱,难以满足植被生长需要,因此许多植被恢复因水分限制而无法生长。研究证明土壤水分已经成为半干旱地区影响植被生长和生态恢复的最大限制因子。由于近年来的生态环境持续恶化,需要通过对土地的整理翻修,改造有利地形,提高植被的成活率,改善土壤性质,防治水土流失,可以有效地解决土壤风蚀、水蚀、生态环境恶化和土壤退化等问题,是保护生态环境的最好措施。

在黄土高原生态脆弱区的整地措施有诸多生态功效:首先,整地措

施可以拦截径流，蓄水保墒；其次，整地有利于提高土壤质量、水养条件；再次，整地措施能够改善土壤环境和植被生境；最后，整地措施可以优化土地资源利用，将生态效益最大化。大量实验表明整地能减灾、蓄水保土、改良土壤、提高生产力和促进农业可持续发展。因此，对现有土地利用方式实行整地改坡，是保护黄土高原土地资源长期利用和治理黄土高原生态环境问题的重要手段，并且具有重要意义。

第二节　国内外研究进展

一、整地和植被恢复对涵养水源功能的影响

整地方式对自然坡面的改造使土地的形态、性质发生改变，主要影响土壤水分的因素是改变了承雨面积，增加了拦蓄雨量，但同时也增加了蒸散面积。对于生态恢复措施的涵养水源功能的贡献，主要从对水分的保持和收集作用及对土壤储水能力的影响两方面进行研究。

（一）整地措施和植被恢复对水分保持和收集的作用

对于整地措施和植被恢复对水分保持和收集的作用，国外主要研究方法集中在不同微地形的条件下进行水分含量的对比。许多学者在乌干达、法国 Vernazza 盆地、非洲突尼斯中部、日本等地进行了研究，证明了梯田建设或整地之后生态系统涵养水源服务功能的优势性。Chow 等通过对梯田系统的水分运移的研究发现，梯田中的沟道可以减少有效坡长，增加地表土壤水分贮藏量，所以可以有效减少侵蚀，并且增加水分含量，促进作物生长。同时也有研究发现土壤质地对土壤水分有显著影响，当然其他因素对土壤水分的动态变化有重要影响，而植被对水分的影响无疑是最重要的，植被根系吸水和蒸腾作用会影响土壤性质和土壤水分，所以植被、土壤和水分之间存在相互影响和相互作用，而且当土壤湿度很高的时候，主要影响土壤水分变化的是气候（大气）因素，只有当土壤含水量降低时，才会进入土壤、植被对水分的调控阶段。Mohanty 和 Skaggs 等利用遥感足迹数据研究不同土壤类型下 0~5 cm 土壤水分含量的时间稳定性，发现粉壤土的土壤水分含量的时

间稳定性不如砂壤土。Moore 等对地形因素与土壤水分的关系进行了比较,发现单一地形因素与土壤水分的相关度较低。Famiglietti 等研究了草地覆盖条件下的坡面表层土壤水分变异,结果表明地形因素和土壤属性影响土壤水分的时间变异性存在差异。

国内不同生态恢复措施对水分含量的研究主要关注和集中在水分是植物生长主要限制因子的地区,如云南干热河谷地区、宁夏半干旱地区、云南哈尼梯田地区等。研究显示,对坡面进行不同整地方式的微地形改造后,通过对不同处理的水分含量对比,结果显示整地小区水分优势在 30%~60%。李艳梅等在云南干热河谷地区,针对研究区气候高温少雨、水土流失严重的特点,对坡面进行不同整地方式的微地形改造,通过对不同处理的水分含量对比,结果显示,在坡上部,水平台和台间坡面 0~200 cm 土层范围内的平均含水率比自然坡面高出 13.77%和 11.21%,水平台、台间坡面和自然坡面的平均含水率分别为 29.44%、26.88%和 15.67%。同时对比了旱季、雨季及不同坡位的含水量变化情况,一般来讲坡下部的含水量略高。虎久强等在黄河中上游南部的宁夏西吉县对反坡梯田、水平沟和鱼鳞坑的土壤水分含量进行对比得出:不同整地方式中,相比鱼鳞坑,水平沟、反坡梯田的土壤水分含量分别高出了 37.6%和 24%,比坡地分别高出 46%和 25.5%。在对比不同月份降雨量不同的情况下,证明了反坡梯田和水平沟保墒效果高于鱼鳞坑整地方式。另外,国内也有对土壤水分空间分布和水平、垂直变化的研究,成昌国在兰州市的新修梯田的研究,根据梯田的土壤水分变化特点,研究显示梯田水平方向水分变化呈中间高、两边低的趋势,从内到外土壤含水量依次是 8.44%、11.37%、10.17%;垂直方向由表及深分为多变层、次变层和稳定层,三者内侧、中间、外侧土壤含水量平均值分别为 7.84%、10.19%、8.88%(多变层),次变层分别为 8.70%、11.28%、10.28%,稳定层分别为 8.77%、12.63%、11.36%,可见垂直方向随深度增加变幅减小和水分含量增加。苗晓靖等对比了整地后的不同配置的水分保持效益,对集流梯田工程(水平梯田和自然坡面相间布置的工程措施)和坡耕地的对比研究也表明整地后的集流梯田措施有利于提高土壤含水量,其测得播种前的含水量对比中,集流梯田比坡耕地高 11.76%~23.53%,其中不同配置的集流梯田(1:1型和1:2型)土壤含水率分别比对照坡耕地高 11.76%~21.60%和 18.40%~23.53%。霍云霈等在陕西省绥德县韭园沟流域,进行土壤采样检测和 ^{137}Cs 示踪检测,结果表明:0~30 cm 水平梯田和坡耕地土壤含水量分别为 20.9%和 20.4%,差异不大;但是当面积核算,整地还有明显的保水功效,如 0~20 cm 两者含水量分别为 21.5%和 19.9%,相当于每公顷保水 32.0 t。另绥德水保站监测资料显示,根据测定 5 次平均含水量结果显示,新修水平梯田和已修 3 年的水平梯田的土壤水分含量较坡地分别高 26.2%和 59.5%;1963 年 6—9 月定期测定 9 次土壤含水量,其中 8 次显示水平梯田土壤含水量高于坡地。实验说明,通过整地方式修整的水平梯田,可以起到提高土壤水分含量的作用。

(二)生态恢复措施对土壤储水能力的影响

储水能力的对比研究主要集中在水分流失严重、土壤质量和保墒性能较低和土壤退化趋势严重的地区,如通过对黑龙江中部、吉林西南部、延安燕沟流域等地进行调查,得出梯田整地使土壤蓄水保水能力增强,土壤初渗量能增加到 3~15 mm,而蓄水量最大可达到 100~150 mm,而且田间持水量也得到显著提高。蔡进军等在对比不同土地类型的蓄水能力效益的实验中,从土壤饱和持水量变化来看,水平梯田(40.16%)>坡耕地(39.44%),所以整地方式对土壤蓄水能力有积极作用。张维国等在黑龙江省中部宾县调查了反坡梯田、水平沟整地后,得出梯田整地和水平沟整地,保土面积占总面积的 40%~70%;另外,在田间持水量的对比中梯田 42.7%,坡地 34.3%,整地后的提升作用明显。通过指数模型方法,徐学选等依据位于延安燕沟流域的 26 个定位监测点 6 个月的数据监测显示,结合土壤属性和环境条件对水分的影响,得出了各土地利用类型的储水能力指数以及流域内不同土地类型储水量,得出反映不同土地利用储水能力指数由高到低依次为:坝地 1.69、梯田 1.08、荒地 1.01、农坡地 0.98、林地 0.95、灌木地 0.81,可见各类整地方式提高水分效果明显。霍云霈等采用 ^{137}Cs 示踪检测的方法,在陕西省绥德县韭园沟流域的支沟王茂沟流域进行采样检测,计算和比较梯田和坡地的土壤蓄水量,结果显示 0~20 cm 差异较大,梯田高于坡耕地7.2%;而随着土层深入变化逐渐变小,0~40 cm平均蓄水量差异较小,梯田为83.4 mm,只高出坡耕地1.8 mm。这一结果也说明存在水分变化的活跃层和相对稳定层。

虎久强等在宁夏西吉县对不同整地方式的储水能力方面进行了调查,结果表明水平沟的土壤蓄水量为荒坡的6.22倍,反坡梯田的蓄水量为荒坡的5.75倍,鱼鳞坑为荒坡的5.00倍,说明了整地后单位面积的土壤储水能力有所提升。

二、整地和植被恢复对土壤性质的改善作用

整地方式主要通过改变局部地形的方法,使坡面土地平整,增加土壤持水量,较低的日降水量可以全部入渗,避免了径流的产生,起到了蓄水减沙的作用,达到保水、减沙、改善土壤性状的目的。

国外对整地措施和植被恢复对土壤改善的研究主要集中在大尺度评估和估算,如Mabit等使用地理统计方法,并结合^{137}Cs标记测试,在加拿大东部魁北克省研究了区域内土壤侵蚀程度和土壤有机碳(SOC)的空间分布特征。Boerner等在美国俄亥俄州研究了不同扰动情况下的土壤有机碳、氮素、磷素的形态及有效性的空间分布规律。在非洲,Tesfahunegn等使用地质统计法研究了埃塞俄比亚北部,总面积1 240 hm^2的土壤养分速效检测,包括有机碳、全氮、全磷、速效磷、盐基饱和度等土壤养分系统的空间变异特征,并绘制了各养分指标的空间变异分布,并提出了相应土地资源管理建议。

(一)整地和植被恢复对土壤养分的影响

整地方式改造了地表下垫面,使径流路径缩短,从而增加了土壤入渗,并且减少了土壤蒸发面积,改善了土壤环境和理化属性。在黄土高原地区,关于整地方式的相关研究表明,该地区整地后的土壤持水性及植物抗旱力提高,整地能够有效改善土壤水分特性。同时发现整地后不同深度土壤水力学性质具有变异性,并说明土壤属性,如土壤颗粒组成、土壤结构等会影响土壤水分特性垂直变异。

在黄土高原,开展了许多关于土壤物理性质的实验研究,但大多数是基于不同质地土壤或是不同种类植被类型或农用地的土壤特性研

究。本研究所关注的是土壤水分特性相关的土壤属性,国内外也有许多相关研究,Zhang 等通过对改良整地措施后和裸地的沙地土壤水分特征曲线以及其他水力学性质对比,结果显示经过整地改良措施后的沙地的土壤渗透系数和保水能力都优于裸地沙地。Kargas 和 Londra 利用水分特征曲线方法,将不同土地利用方式的土壤持水能力进行对比,发现不同整地方式的保水能力和土壤水分扩散能力存在差异,但都优于裸地。Taha 等研究表明了水利传导率非常高的深度一般约为表层 20 cm。Bevington 等通过电镜扫描和建模的方法对不同土地利用类型条件下的土壤结构进行分析,证明了土壤结构的不同会导致土壤水分常数和水力学性质的差异。Lin 和 Chen 在亚热带红壤区的研究表明,不同方式处理土地后,会增加土壤贮水量,提高土壤持水能力,减轻土壤退化,这样更有利于植被的吸收和利用,更有效抵御短期干旱。Lalibert 和 Brooks 的研究说明了孔隙对土壤水力学性质有重要的影响。Peck 等利用水分特征曲线和其他水分常数来推算美国田纳西州不同森林的储水量,通过水分常数的垂直变化的对比分析,结果显示虽然土壤类型相同,但不同土地使用方式的土壤水力学性质的空间差异性也比较大。Moreira 等研究了不同耕作模式下土壤物理性质,结果表明对土地不同的耕作处理会造成土壤物理性质的变化,原因是导致了土壤结构的变化。

(二)整地和植被恢复对土壤化学性质的影响

黄土高原的气候特点是高温干燥、降雨集中,土壤特点是土层深厚、土质松散,这种情况极易导致水土和养分流失。由于生态环境的持续恶化,黄土高原的植被恢复成活率低、粮食产量不高等问题日益明显,为合理有效地解决问题,在该地区开展了包括整修梯田、鱼鳞坑、反坡台、水平阶、水平沟等形式多样的整地措施。研究证明,整地对黄土高原生态修复和环境改善有重要作用。相比自然坡面,坡改梯整地方式有拦沙截流、蓄水保墒、改善土壤和植被生长条件等功效,同时大量实验表明整地有防洪减灾、蓄水保土、改良土壤、提高土地生产力等优势。

文波龙等在云南元阳梯田对土壤有机质(SOM)和碱解氮(AP)含

量进行测定并分析其变化规律,结果表明梯田(整地后)的有机质含量高于平坝区(坡地),而两者碱解氮差异不大,且养分含量垂直变化明显。杨洁等在江西省红壤低丘岗地进行对不同整地方式及轮作方式的养分对比,实验设计了果农作物间作和梯田整地方式的小区养分对比,结果表明采取水土保持措施的小区的养分含量相比未采取水保措施的小区有所提升,其中 pH 平均提高 8.6%,最高达到 6.01;有机质平均提高 9.2%,最高提高 26.6%;全氮平均提高 32.2%,最高提高 50%;全磷含量平均提高 32.0%,最高提高 48%;全钾含量平均提高 11.5%,最高提高 20.4%;碱解氮、速效磷、速效钾分别平均提高 20.1%、47%、31.9%,最高分别提高 57.9%、143.6%、54.6%。张维国等在黑龙江地区的宾县进行了不同整地方式的研究,对比了梯田和坡地的全氮、全磷、全钾和有机质含量,结果直观显示出梯田全氮含量比坡地高 28.1%,全磷含量比坡地高 11.5%,全钾含量比坡地高 5.56%,有机质含量比坡地高 41.7%。

虎久强等在宁夏南部的西吉县对不同整地方式的土壤性质检测和对比得出了整地后的土壤养分有提高效益,土壤 60 cm 内,水平沟、反坡梯田、鱼鳞坑的土壤有效磷含量分别比荒坡高 3%~5%、2.5%~4%、1%~1.2%;而有效钾的对比也分别提高了 15%~30%、12%~25%、5%~8%。证明整地方式对土壤有效养分有提高作用。刘绪军等在黑龙江省克山县粮食沟小流域的实验场内对整地后的不同改土客土位置进行性质对比,分析了填土和切土部分的土壤养分状况,数据显示 0~40 cm 中填土部分的有机质、水解氮、速效钾、速效磷含量都高出对照 7.84%~46.98%,而切土部分的平均含量较低,低于对照 18.56%~11.95%。张彦军在黄土高原砖窑沟流域,对不同典型的水保整地方式和自然坡地比较土壤碳氮情况,证明了整地(水平梯田、林地与草地)后的土壤碳、氮含量较坡地依次提高了 18%、24%、70%和 59%、25%、21%。可见整地后的土壤条件有明显的改善,土壤养分含量有明显的提升。苗晓靖等在对水保措施(集流梯田)和坡耕地对比中,证明土壤性质有了很大的改善,其中土壤容重减少了 7.6%~11.02%;土壤孔隙度增加 8.05%~19.02%;土壤养分全氮、全磷、全钾和有机质分别增加了8.06%~16.13%、12.17%~25.21%、13.81%~28.67%和14.25%~30.13%。另外通过数值分析结果表明,各土壤性质的差异都是显著水平。说明整地方式可以明显提高土壤的养分状况。

三、整地和植被恢复对防治土壤侵蚀的贡献

(一)人工整地方式对防治土壤侵蚀的作用

长期以来,整地措施的最初目的就是防治土壤侵蚀,加强土壤水土保持能力。目前,国内外研究同样以径流小区监测方式为主,欧洲的西班牙、葡萄牙等地区葡萄园是研究热点区,如在意大利,Cevasco 等研究显示,存在山体滑坡多发的情况,降雨触发的山体滑坡在渗透性差的条件下最易发生,而整地后梯田增加土壤水分渗透从而有利于避免山体滑坡。Zhang 等对比发现,黄土高原小流域的水土保持措施降低了年均径流系数,其中在生长季初期的减幅最大。Huang 和 Zhang 等对黄土高原小流域的研究,利用数值方法将降水变化因素去除后,核算水土保持措施可以减少年径流量32%,其中夏季减少幅度最大。Rai 等发现当研究尺度上推时,在不同土地利用类型的配置下,地表径流和土壤侵蚀的发生机制存在差异,所以由不同类型的土地利用结构的研究尺度对土壤侵蚀的影响力存在差异。Eswaran 等认为每年世界范围内因土壤水土流失而随之损失的土壤养分总量几乎等于世界肥料的总生产量,即造成超过4 000亿美元的损失,而且土壤侵蚀造成的环境破坏后果和损失更严重。与坡耕地相比,整地方式改变了地形因素,增加了坡面的减流减沙效益,从而减少了坡面径流系数。因此,整地方式对土壤的蓄水保土作用有明显的提升作用。

对整地方式的土壤侵蚀实验主要集中在土地易侵蚀的地区,董彦丽在定西市安定区对比了水平阶和梯田整地后的土壤水分和水土保持情况,得出梯田2002—2011年平均径流深为12.04 mm,径流系数为2.9%。对水平阶多年产流产沙能力计算结果表明,25 m^2 面积下的年均产流量为0.3m^3,产沙量3.96 kg。所以整地方式对减流减沙作用效果明显。同时,由张维国等在黑龙江宾县的研究得出,6年反坡梯田相比坡耕地减少径流37.6%,减少流沙56.2%,该措施对保持水土的效

果显著。同时,虎久强等在黄河上游流域的实验证明拦泥效益方面,水平沟为对照荒坡的 8.77 倍,反坡梯田是荒坡的 5.3 倍,鱼鳞坑的拦泥效应也是荒坡的 4.73 倍。刘世梁等利用 WEPP 坡面土壤流失模型,结合典型区(山东省泰安市丘陵山区)土地整理的气候要素和土壤条件,模拟了 15°坡面情况下,一年内整地区域土壤流失量的情况。结果表明,一年内土壤流失模数约为 6 900 t/km^2, 在未开展土地整理前,土壤侵蚀模数在 7 700 t/km^2,说明水平梯田对水土保持效应具有重要意义。甘德欣等对紫鹊界梯田蓄水的数据分析表明,梯田可拦截 70%~95%的地表径流,90%~100%的泥沙。和继军分析张家口各个地貌类型的水土流失监测站数据,以怀安县为例,两年数据显示水平梯田的拦蓄泥沙效益均在 90%以上,而植被配置方面,则是经济林最高,蓄水效益在 30%~68%,人工种草效益波动最大,为 4%~86.2%。数据显示以经济林结合整地方式的配置最具有水土保持、减流减沙的作用。可见梯田作为一种典型的水保措施的整地方式,能有效减少地表径流。

(二)植被恢复对防止土壤侵蚀的作用

植被恢复过程是防止土壤侵蚀效果最显著的自然方法,通过植被的生长、植被群落的演替,使黄土高原环境自然得到改善。植被恢复是防治土壤侵蚀加剧以及土地退化的有效方式之一。植被可以起到物理障碍的作用,有效阻止地表沉积物的运移。植被在坡面尺度的分布格局是减少产流和产沙的关键因素,植被的这种屏障效应能够导致“植生成丘”(phytogenic mound)形成。其形成含有多种内在机制,如植被在与其紧密相关的环境因子影响下引起的不同侵蚀速率,或者是因地表径流减少导致的泥沙堆积。同时植被斑块的自身特征,包括植株高度、密度、冠层盖度及植被根系也对侵蚀产沙产生关键影响。研究表明,植被冠层及叶面可以抗雨滴击溅,而且植被根系有利于固土并改良土壤。Martinez-Turanzas 等通过四年的葡萄园内径流小区实验,研究结果显示植被空间配置能够有效地减少径流和土壤流失,而且不同植被类型的效果也存在差异;Rey 研究了不同植被空间分布和配置对土壤侵蚀的拦截作用,指出坡面下部的植被覆盖仅达到 20%时将可以有效拦截上坡水沙,可见下坡位植被覆盖对拦沙作用明显。相关学者以迷迭香、细茎针茅和野豌豆三种代表性的植被为研究对象,发现三种植被类型在斑块尺度上能够很好地防治沟间侵蚀,不同的植株形态和不同的组成能够解释三种植被对侵蚀的不同响应。冠层相对稠密的植被具有很好的截留效应,能够有效削弱雨滴动能,减少地表侵蚀;迷迭香除冠层的机械保护作用外,还有枯落物层对植株底部表土结构土质的改善。而对于野豌豆这类落叶型的灌丛,对降水动能的削减并不明显,所以冠层覆盖是减少地表径流和土壤侵蚀的关键。类似的研究,Bosch等为统计植被对土壤侵蚀的作用,曾对全球92个流域的土壤流失和侵蚀研究结果进行对比总结,发现多数情况森林覆盖度减少后径流量会明显增加,而相反造林可以减少径流量,同时发现不同植被类型覆盖变化对径流量的作用程度存在差异,通过全球尺度内水土流失(径流量)与森林覆盖度之间的关系的结果表明:植被覆盖变化对地表径流和土壤侵蚀有明显影响。

四、整地和植被恢复对生态恢复效益的影响

在干旱条件下土壤蒸发是土壤水分散失的主要途径之一,而整地通过坡改梯的方式减少土壤蒸发的有效面积,有利于保持水分;整地之后改善了植被的生长环境,对植被的生理活动和生长有积极的促进作用。

国外对整地方式和植被生长之间的关系研究得比较细致,如Hawley等研究发现植被的出现降低了地形对土壤水分变异性的影响;Zhang等发现植被使土壤水分动态变得更加复杂,进一步地,有研究指出,植被能够通过冠层截流并且增加水分入渗来改善土壤水分;Gómez-Plaza等指出植被生长会影响土壤水分时间稳定性,他们发现当植被处于生长季时,土壤水分时间稳定性较弱,而当冬季植被生长缓慢时,土壤水分的时间稳定性增强。

而国内在不同整地方式下的植被生长状况比较方面也做了相关研究,虎久强等在宁夏南部的西吉县得到了相同的结论,实验在不同整地方式的植被成活率对比中,水平沟为94%,反坡梯田为93%,鱼鳞坑为78%,可以得出整地后的植被成活率都达到了八成以上或接近八成,整

地方式对植被生长有积极意义，但与之前结果不同的是此次实验水平沟的植被生长状况略优于梯田，原因是该实验的水平沟整地是严格地按照科学合理的“16542”(即沟宽1 m、长6 m，埂高0.5 m、顶宽0.4 m，自然集水面宽2 m)修筑的，所以在保水、保墒和植被生长状况等方面都表现出优良的效益，可见在整地过程中科学合理的设计和实施方法也是极其重要的。史玉芳在2013年以核桃为栽植植被对不同整地方式进行对比，也证明了整地方式对植被生长有利，研究通过对比梯田、水平沟、鱼鳞坑、坡面四种整地造林方式，结果以梯田造林最好，其优点是保水保墒，植被生长速度、生长状况都优于其他方式，树高相比一锄法是其1.8倍，冠幅是其4.2倍；平均单株结果个数增多31.9个，果横径大1.6~1.8 cm 。水平沟的优点是施工方便，保水效果好，是较易推广使用的整地方式。鱼鳞坑优势不如前两者，但在坡度大(20°~25°以上)的坡地应用较多。张维国等在黑龙江地区的宾县进行整地方式的对比实验同样表明了整地方式下植被生长的优势性，经研究调查，反坡梯田的桑树主茎干、平均条长、平均条数和单株产叶量分别是坡地桑树的1.2倍、1.25倍、1.75倍和2.4倍。此外，赵芹珍等在黄土高原王家沟流域研究梯田农作的基础上，对比了田地微集流处理(保水处理)，实验表明有微集流保水处理条件下的玉米株高平均提高94.25%，地上部分的生物量增量达144.96%，地下根系生物量增加了187.33%，根系分布也更加丰富，所以在黄土高原干旱和半干旱区整地带来的对水分的保护至关重要。产量的对比中，刘绪军等在黑龙江省克山县粮食沟小流域的实验场内对整地后的不同改土客土位置进行性质对比，对植被影响的结果表明，由于整地方式对坡地改造分为切土和填土部位，效应分有正负效应，结果是新修梯田产量有所提高。数据表明，新修梯田产量为7 255.5 kg/hm^2，坡地对照的产量为7 254 kg/hm^2。但在不同部位梯田的产量差别却很大。填土部位由于深翻松土，使土壤理化性质、保墒条件好，填土部分作物产量达到8 067.75 kg/hm^2，比坡地对照高11.22%。切土部位由于活土层薄，土壤紧实，性质较差，作物产量为6 443.25 kg/hm^2，反而与对照比减产了11.18%。

第三节 黄土高原地区研究现状及不足

在黄土高原,水文过程控制植被生长,天然植被与人工植被是水土流失与土地退化的主要调控者,降水事件的高度不可预测性及间断性导致土壤水分与养分等关键资源的捕获也呈不连续的脉动状态,诸多水土保持工程措施的应用与整地方式的推广也是以水资源为核心,故水文循环过程的改变是影响干旱、半干旱区生态系统的直接驱动力。定量描述水分循环过程中整地措施与不同植被类型耦合条件下的土壤水分特征,是防治水土流失及科学开展植被恢复的关键。

综上所述,围绕植被和整地在生态恢复过程中的作用,学者们已经开展了大量的研究,然而大多的研究都集中在植被自身的形态与功能,以及不同尺度的植被格局与环境响应之间的关系,从整地措施与植被耦合的角度出发,相关报道较少。在干旱半干旱生态系统中,水土保持工程措施已成为防治水土流失、提高生态环境质量的有效举措,广泛应用于植被恢复工程中,那么在坡面尺度,整地措施与植被耦合下的水文效应是如何体现的,相关报道较少。所以探讨在人为干扰(整地措施)条件下的水文效应,对退化生态系统的水土资源管理而言意义重大。另外,地形作为影响水文过程的关键组成要素,也是在不同尺度上决定生态恢复质量的关键因子,围绕植被与整地措施耦合效应的研究目前并不系统,在实验方法及监测技术上都面临着重重的困难和限制,而基于坡面尺度,通过搭建整地措施与植被耦合对径流小区进行长期定位观测,同时采用配对自然坡面小区进行对照,是综合评价整地措施的有效途径。最后,当前围绕降水在干旱沙漠地区的研究较为成熟,而围绕黄土高原半干旱地区,在整地措施与植被耦合的条件下,通过定位监测整地措施与植被耦合条件下的水分动态、土壤系统质量特征,能够更加充分地认识在整地措施与植被耦合条件下的水土保持效应,进而为合理开展植被恢复和退耕还林提供科学依据。

第四节 本研究主要内容

一、研究目标

在干旱半干旱的黄土高原地区，土壤质量和水文循环对黄土高原生态脆弱区的环境恢复有至关重要的意义。梯田建设作为重要的生态恢复手段，研究其对水文动态的影响及其在生态恢复过程中的作用非常重要。本研究基于野外监测的系统分析，监测和分析了整地措施和植被覆盖耦合的生态水文效应，具体分析了不同整地方式和植被类型下的土壤理化特征、水文循环过程和土壤生态系统效应，为综合评价半干旱小流域及合理开展生态建设和水土资源管理提供科学支撑和理论依据。

二、研究内容

（1）重点研究黄土丘陵区典型整地方式和植被类型条件下的土壤环境响应，以甘肃省定西市龙滩流域为研究区，基于外业采样和室内测定的方法，以水文效应为中心，研究不同整地措施与植被耦合条件下的土壤理化性质、水力学特性、水分特点和侵蚀状况，为半干旱小流域等生态脆弱区开展合理整地措施和植被恢复提供科学支撑。

（2）以不同整地措施与植被耦合特征下的水文效应为中心，研究不同整地措施与植被耦合条件下的水分特征，同时采用配对实验的方法，对比研究坡面尺度不同水土保持功能措施的水文效应，为综合评价半干旱小流域类似地区开展整地措施进行坡地改良和水土资源管理提供科学支撑，为定量评价不同整地工程措施和植被恢复的生态效益提供理论依据。

第二章　研究区概况与研究方法

第一节　研究区概况

一、地理位置

研究区位于我国甘肃省定西市的龙滩流域(35°43′N~35°46′N,104°27′E~104°31′E),定西市是甘肃省辖地级市,位于甘肃中部,通称“陇中”,号称“中国马铃薯之乡”。本研究所在流域位于甘肃省定西市安定区巉口镇,位于关川河的一级支流,流域面积 16.1 km^2。流域具体所在位置如图 2-1 所示。

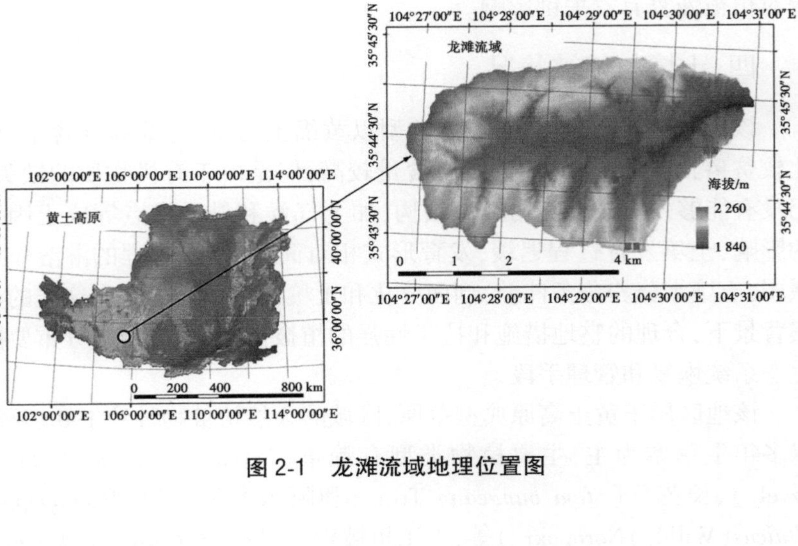

图 2-1　龙滩流域地理位置图

二、气候特征

龙滩流域的气候受季风影响，根据长期气象数据观测，该地区平均气温 6.8 ℃，平均无霜期和日照时数分别为 152 d 和 2 052 h；年均降水量 386.3 mm。研究区大多植被类型在 5—10 月为生长季，其中降雨主要集中在 7—9 月，降雨类型以暴雨为主，该地区年平均相对湿度为 72%，总体上水分严重亏缺。总体来说，定西市全市气候特点为降水稀少，蒸发强度大，日照时间长，年温差大，气候变化特点是“十有九旱”，属典型的温带大陆性气候。

三、地形地貌

研究区地质构造属第四纪风成黄土，在强烈的风蚀、水蚀作用下，缓慢形成的特殊的黄土丘陵沟壑区。流域以梁状丘陵为主，坡度在 3°~15°，多为凸形斜坡，中部坡度略缓，15°~25°，下部急剧转为陡坡，35°~45°。由于地貌特征的特殊性，使得地形因素，如坡度、坡向、坡位等对植被恢复有着关键影响。

四、土壤与植被状况

该流域土质相对均一，土壤类型以黄绵土为主，土壤养分含量低，比较贫瘠，而且黄土土质的钙质含量较高，但是由于有机物质的缺失，仍没有能够发育成良好的土壤结构，加上气候和母质特点等成土因素的影响，土壤发育过程迟缓，发育形式相对简单，成土过程的淋溶作用微弱，土壤水分养分条件差，剖面分化和土壤层次不明显。在这样的土壤背景下，合理的整地措施和抗旱性强的植被恢复，不失为十分重要的生态系统恢复和管理手段。

该地区属于黄土高原典型草原，区域的天然植被物种约 190 多种，以多年生草本为主，主要植物类型有赖草（*Leymus secalinus*（Georgi）Tzvel.）、长芒草（*Stipa bungeana* Trin.）和阿尔泰狗娃花（*Heteropappus altaicus*（Willd.）Noropokr.）等，人工植被种类以柠条（*Caragana korshinskii*）、紫花苜蓿（*Medicago sativa*）、油松（*Pinus tabulaeformis*）、侧柏

(*Platycladus orientalis*)和山杏(*Armeniaca sibirica*)等为主。虽然研究区天然植被主要以多年植被为主,但该流域原始生态环境由于人类活动遭到的破坏比较严重,自20世纪50年代以来,当地开始重视生态恢复,流域内开展了大面积植被恢复,所以目前以人工种植的植被为主。该区域的气候干燥少雨,降雨量分布不均,导致土壤表层水分极易流失,所以考虑造林树种时要选择具有抗旱、速生、耐贫瘠能力强的树种,而当地典型的植被类型(油松、柠条、侧柏和山杏)都经过实践证明了具有较好的生态效益,均具有良好的固土保水、改良土壤功能,是当地的代表性人工恢复植被。

五、整地与水土保持措施

为改善生态建设和环境恢复,20世纪中期开始就开展了大规模植被恢复和整地工程。水平梯田、反坡台、鱼鳞坑作为典型的整地方式,均能够使土壤疏松,加强入渗作用,拦蓄地表径流,提高水分利用率,是研究区开展生态恢复的主要整地方式。实践证明,最大限度地蓄积和利用当地有限的降水资源,才能达到更好的生态效益。社会经济方面,该地区农户沿用传统的以粮为主的经营模式和较为落后的耕作方式,人均产量属中下水平,由于该地区降水量少,次降水分布不均,所以在开展退耕还林和植被恢复过程中,尤其注重将有限且较为集中的水资源拦蓄在土壤中。同时,当地林业部门也围绕流域的实际特征,总结出符合当地实际情况的工程措施,且在具体整地开展的时间与季节的选择上累积了成熟的经验,并且在造林过程中无施肥措施。具体地,同黄土高原其他流域治理工程类似,流域内经历过若干次植被恢复和综合治理,水平沟、水平阶、鱼鳞坑和反坡台是龙滩流域广泛应用的水土保持工程措施,在开展整地措施的同时辅以不同的植被应用于生态恢复。

第二节　研究方法

一、小区设计

根据流域内水土保持整地措施的实地观测和考察，最终选择鱼鳞坑、水平阶、水平沟和反坡台作为主要研究对象。在坡面尺度，结合不同整地工程措施和植被恢复类型布设径流实验小区，在尽量不破坏小区的前提下，进行监测小区布设，所选整地措施与植被类型分别为柠条水平阶、侧柏鱼鳞坑、山杏水平沟、侧柏反坡台、油松鱼鳞坑和油松反坡台，小区面积为 10 m × 10 m。其中油松鱼鳞坑和油松反坡台于 1972 年完成造林，侧柏反坡台和柠条水平阶两处造林时间是 1984 年，稍晚时间的侧柏鱼鳞坑和山杏水平沟小区的造林时间是 2003 年。各处工程措施均已开展 15 年及以上。小区布设完成以后，于 2014 年生长季进行全面的本底调查，采用罗盘仪记录每个监测小区的坡度坡向因子，并用 GPS 记录小区经纬度和海拔。另外，对监测小区进行了植被调查，观测了不同植被类型的树高、基径、冠幅，对群落、物种属性也有相应调查，用刻度尺测量每个物种的自然高度。为了能够更好地说明工程措施的减流阻蚀效应，在进行整地措施径流小区布设的同时，采用配对小区的方式，根据不同整地方式和植被的组合情况，即同一植被类型的自然坡面小区作为对照，同步进行各水文要素的观测。不同整地措施基本特征见表 2-1，不同整地措施图示见图 2-2。

二、气象观测

在流域尺度前期已经进行了完备的气象数据监测，所以对不同监测样点的降水过程实时监测，主要参照流域内均匀布设的 6 个自记式雨量计（HOBO，USA）进行，同时通过在 2014 年生长季前期，流域内布设的便携式气象站（Vantage Pro2，Davis，USA），进行太阳辐射（R_a，W/m^2）、降雨（P，mm）、空气温度（T，℃）、相对湿度（RH，%）、风速（v，m/s）、风向、气压（p，Pa）等常规气象数据的观测。

表 2-1 选择小区的基本情况

小区	柠条水平阶 (lbNT)	山杏水平沟 (ldSX)	侧柏反坡台 (adtCB)	油松反坡台 (adtYS)	侧柏鱼鳞坑 (fspCB)	油松鱼鳞坑 (fspYS)
土质	黄绵土	黄绵土	黄绵土	黄绵土	黄绵土	黄绵土
坡向	西偏南	东	东偏南	东偏北	南	西
坡度	26°	18°	24°	16°	39°	20°
坐标	N 35°45′12.61″ E 104°33′37.35″	N 35°43′31″ E 104°29′18″	N 35°43′30.57″ E 104°29′29.71″	N 35°44′11.01″ E 104°30′24.9″	N 35°44′11.01″ E 104°30′24.9″	N 35°44′24.69″ E 104°30′39.11″
树高/m	1.14±0.30	1.97±0.60	2.70±0.48	5.71±0.41	1.49±0.38	5.98±0.53
胸径/cm	1.06±0.95	4.25±0.66	4.72±1.02	8.71±0.49	3.31±0.37	8.97±0.98
容重/(g/cm^3)	1.22±0.04	1.21±0.03	1.19±0.05	1.13±0.04	1.27±0.04	1.15±0.04
林龄/年	39	47	49	45	49	45
整地描述	将 3.5~4.0 m 长的坡面径流集中到 1.0~1.5 m 的阶面，反坡 3°~5°	将 3.5~4.0 m 长的坡面径流集中到 1.0~1.5 cm 的沟面，沟面宽 1.5 m、长 1.8 m	将 4.0 m 长的坡面径流集中到 0.6~1.0 m 的台面，反坡 5°~8°	将 1.5~2.0 m 长的坡面径流集中到 1.0~1.5 m 的台面，反坡 5°~8°	鱼鳞坑直径、长、宽分别为 135 cm、80 cm、50 cm	鱼鳞坑直径、宽、高分别为 80 cm、80 cm、30 cm
盖度/%	50	40	40	30	35	45

续表 2-1

小区	柠条水平阶(lbNT)	山杏水平沟(ldSX)	侧柏反坡台(adtCB)	油松反坡台(adtYS)	侧柏鱼鳞坑(fspCB)	油松鱼鳞坑(fspYS)
主要植被	骆驼蓬(*Peganum harmala* L.)、达乌里芯芭(*Cymbaria dahurica* Linn.)、阿尔泰狗娃花(*Heteropappus altaicus* (Wild.) Novopokr.)、长芒草(*Stipa bungeana* Trin.)	苜蓿(*Medicago Sativa* Linn.)、白莲蒿(*Artemisia sacrorum* Ledeb)、赖草(*Leymus secalinus* Tzvel.)、长芒草(*Stipa bungeana* Trin.)	百里香(*Thymus mongolicus* Ronn.)、北方獐牙菜(*Swertia diluta* Benth.)、长芒草(*Stipa bungeana* Trin.)、披针叶野决明(*Thermopsis lanceolata* R. Br.)	中华隐子草(*Cleistogenes chinensis* Keng.)、阿尔泰狗娃花(*Heteropappus altaicus* Wild. Novopokr)、长芒草(*Stipa bungeana* Trin.)	束伞亚菊(*Ajania parviflora* Ling.)、阿尔泰狗娃花(*Heteropappus altaicus* (Wild.) Novopokr.)、二裂委陵菜(*Potentilla bifurca* Linn.)	中华隐子草(*Cleistogenes chinensis* Keng.)、冷蒿(*Artemisia frigida* Willd.)、阿尔泰狗娃花(*Heteropappus altaicus* (Wild.) Novopokr.)、赖草(*Leymus secalinus* Tzvel.)
黏粒	20. 75±4. 03	17. 38±3. 89	21. 96±3. 70	18. 38±6. 87	8. 20±0. 73	11. 72±0. 82
粉粒	69. 53±3. 26	71. 84±2. 96	67. 79±2. 95	71. 94±5. 18	70. 12±3. 71	73. 41±3. 63
砂粒	9. 72±1. 37	10. 77±1. 19	10. 25±0. 88	9. 68±1. 92	21. 68±3. 98	14. 87±4. 38

注:1. 缩写对应小区名称:lbNT—Level bench *Caraganakorshinskii*; ldSX—Level ditch *Armeniaca sibirica*; adtCB—Adverse grade tableland *Platycladusorientalis*;adtYS—Adverse grade tableland *Pinustabulaeformis*; fspCB—Fish-sacle pit *Platycladusorientalis*; fspYS—Fish-sacle pit *Pinustabulaeformis*;

2. 粒径分级是按照国际制土壤质地分级标准,黏粒(<0. 002 mm,%)、粉粒(0. 002~0. 02 mm,%)、砂粒(0. 02~2 mm,%)进行分类。

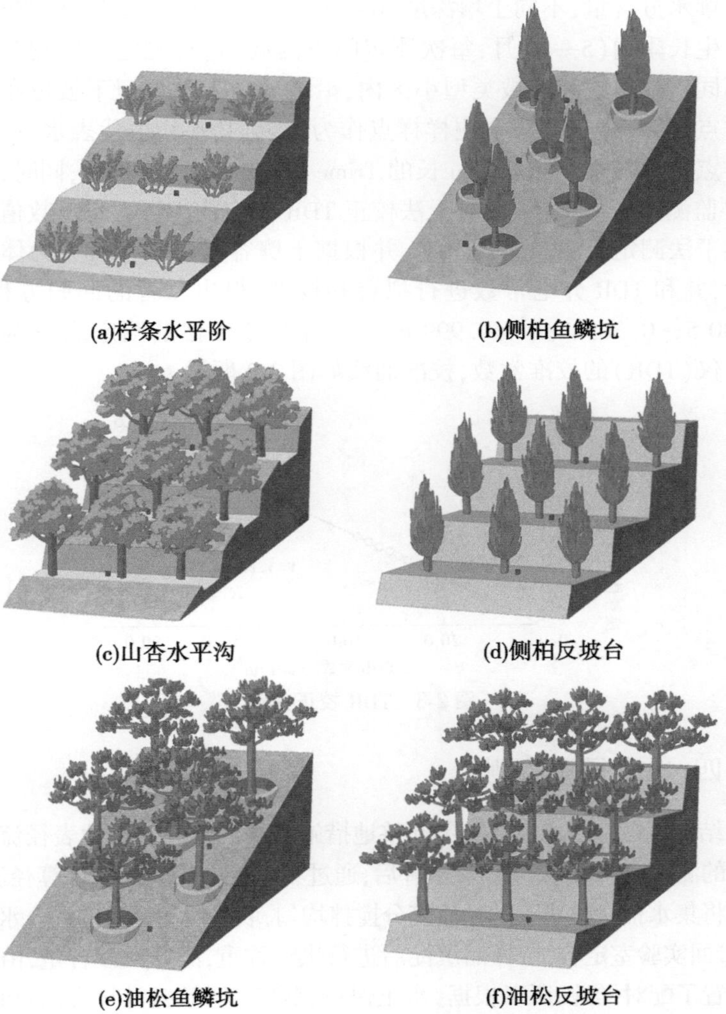

(a)柠条水平阶　(b)侧柏鱼鳞坑

(c)山杏水平沟　(d)侧柏反坡台

(e)油松鱼鳞坑　(f)油松反坡台

图 2-2　不同整地措施图示

三、土壤水分监测

采用便携式土壤水分时域反射仪(Time Domain Reflectometry)监

测土壤水分含量,不同土壤深度(0~180 cm,共 13 个土层进行监测)在每年生长季内(5—10 月,每次测定间隔两周)进行测定。监测时分别在不同整地方式和植被类型小区内,沿坡面由上坡位至下坡位布设监测样点,每个样地有 3 个测样样点作为重复,其平均值代表水分含量。各样点于生长季前布设 2 m 长的 Trime 管(材质聚碳酸酯),同时,在用 TDR 监测水分之前,采用烘干法校正 TDR 测定的土壤含水量数值。通过烘干法测定土壤质量含水率,并根据土壤容重将数值换算为体积含水量,并和 TDR 介电常数进行拟合和校准,得出二者的回归方程 $y=1.1805x-0.3851$,$R^2=0.9996$。y 为采用烘干法的测定值,x 为时域反射仪(TDR)的校准常数,校准曲线如图 2-3 所示。

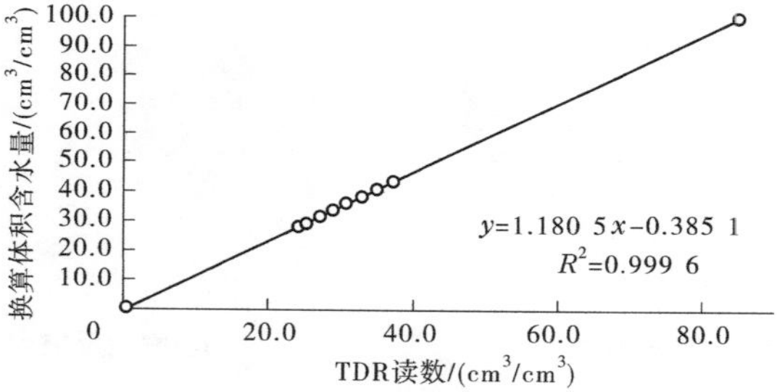

图 2-3 TDR 校正曲线

四、地表径流监测

结合侵蚀性降水事件对不同整地措施的径流小区进行地表径流与泥沙量的测定,于各次降水产流事件后,通过集水桶内的水深来计算径流量,同时将集水桶所收集到的径流充分搅拌均匀,取泥沙和径流的混合水样三份,带回实验室定容,待样品沉淀后进行烘干称重,测算泥沙含量,由于同步设置了配对样地,所以根据《水土保持综合治理 效益计算方法》(GB/T 15774—2008)进行蓄水减流率和减沙率的计算,计算公式如下:

$$S=\frac{m_t-m_c}{V} \tag{2-1}$$

$$S_t=S\times R\times 10^{-3} \tag{2-2}$$

$$\eta_w = \frac{W_0 - W_s}{W_0} \times 100\% \tag{2-3}$$

$$\eta_s = \frac{G_0 - G_s}{G_0} \times 100\% \tag{2-4}$$

式中：S 为泥沙浓度，g/cm^3；m_t 为烧杯和烘干泥沙总质量，g；m_c 为烧杯质量，g；V 为径流体积，cm^3；S_t 为泥沙量，kg；R 为径流量，m^3；η_w 和 η_s 分别为蓄水减流率和减沙率；W_0 和 W_s 分别为自然坡面和整地措施的径流量，m^3；G_s 和 G_0 分别为整地措施和对照坡面的流失泥沙量，kg。

五、土壤化学性质测定

选择径流小区内上、中、下不同坡位及重复来表示样地内土壤质量状况，保证样点选取的分布均匀性、科学性，所选样品点按 0～100 cm 分为 8 个土层（0～5 cm、5～10 cm、10～20 cm、20～30 cm、30～40 cm、40～60 cm、60～80 cm、80～100 cm）进行取土，各 3 次重复，均匀混合后取样袋带回实验室，以尽量不破坏小区为前提，取回土样在实验室进行化验和测定。

取回土样按以下实验方法在实验室测定：土壤 TN 采用凯氏蒸馏法进行测定，土壤 TP 采用 NaOH 熔融－钼锑抗比色法进行测定，土壤 TK 采用碱融－原子吸收分光光度法进行测定。土壤速效养分的测定方法分别是：土壤碱解氮采用碱解扩散法，土壤速效磷采用 $NaHCO_3$ 浸提－钼锑抗比色法。

六、土壤物理性质测定

土壤容重采用环刀法进行测定。

土壤机械组成使用 Mastersizer 2000（Malvern Instruments，Malvern，England）测定，方法如下：

（1）称 2 mm 土样 1.5 g 左右放入 100 mL 烧杯；

（2）除有机质：加蒸馏水，静置几分钟，用吸管吸走漂浮根及有机质；

（3）加入 10 mL（1H_2O_2∶2超纯水比例配制）30% H_2O_2 过夜，若有

机质多可多加 H_2O_2(过夜可除完);

(4)去除 $CaCO_3$:向烧杯中加入过量 HCl 10 mL,HCl:超纯水=1:2;

(5)上机前加入 10 mL 0.05 mol 六偏磷酸钠(30.5 g:1 L 超纯水),振荡 10 min。

采用容重环刀和 1 cm 小环刀取土壤样品供测土壤水力学性质。采用砂箱法结合压力膜法测定土壤水分特征曲线,其中沙箱测定范围为 0 ~80 cm 水柱,压力膜法可测定 0.01~1.5 MPa 水吸力下土壤水分情况(见图 2-4),然后通过计算得到土壤含水量与土壤基质势的关系,并推算其他重要的土壤水力学性质,如田间持水量、有效水含量、比水容量等。

(a)压力装置　　(b)仪器

图 2-4　土壤水分特征曲线测定装置

七、模拟降雨实验

于 2013 年在研究区根据不同植被配置建立了 6 个模拟降雨径流小区,其中包括三种主要植被类型:冰草、柠条和侧柏,它们分别是当地典型的植被恢复树种,并且在实验中分别代表草本、灌木和乔木。根据实验设计,6 个小区从坡上位到坡下位的植被空间配置分别是:乔灌草(A-S-G),乔草灌(A-G-S),灌乔草(S-A-G),灌草乔(S-G-A),草灌乔(G-S-A)和草乔灌(G-A-S)。各小区具有相同的规格和面积,长、宽、高分别为 7.5 m、1.5 m 和 0.4 m,每种植被斑块各占小区面积的 1/3,即 2.5 m × 1.5 m。所有小区坡度均为 25°,建设小区材料为 25 cm 厚的水泥材料,以避免漏水。

本研究使用 Norton 降雨模拟降雨系统。它是由美国农业部(USDA)和美国土壤侵蚀研究所联合开发和研制的。该模拟降雨系统利用振荡原理,模拟自然降雨情形,从而模拟自然降雨条件下的土壤侵蚀过程。设备的出水喷嘴放置在距地面 4 m 的地方，这样可以保证系统产生的雨滴的均匀性和自然性，进而有更好的雨滴分布和动能。为此，我们在实验前建立了一个高度为 4 m 的铁架来支撑机械系统，这确保了它足够模拟最自然的降雨。模拟降雨系统顶部的出水喷嘴高度为 4 m，每处出水口都通过一根橡胶软管与移动泵相连，操作时通过增加或减少水压和开关喷嘴频率来调整降雨强度。模拟降雨过程中，通过水阀调节水压，以及控制器调整喷嘴转动频率，从而改变模拟的降雨强度。例如，如果在恒定的水压下，喷头转动频率在每分钟 23 次到 48 次之间切换，模拟的降雨强度将达到 15.88~33.7 mm/h。

第三节　数据处理与统计分析

一、土壤水分计算

各整地方式和植被类型耦合条件下的土壤水分含量（各土层深度的体积含水量 θ_i）的计算公式如下：

$$\theta_i = \frac{1}{n}\sum_{n=1}^{n}\left(\frac{1}{k}\sum_{k=1}^{k}\theta_n\right) \tag{2-5}$$

式中：n 为测量次数；θ_n 为第 i 土层的平均土壤体积含水量；k 为重复次数。

时间变化的土壤平均含水量（体积含水量 θ_j）的计算方法与上述一致。

二、van Genuchten 模型拟合水分特征曲线

$$\theta = \theta_r + (\theta_s - \theta_r)[1 + (\alpha|h|)^n]^{-m} \tag{2-6}$$

式中：θ 为体积含水量，cm^3/cm^3；θ_r 为残余含水量，cm^3/cm^3；θ_s 为饱和含水量，cm^3/cm^3；h 为负压，$cm \cdot H_2O$；α, n, m 为经验拟合参数，$m=1-1/n$。

三、土壤比水容量的计算

比水容量是衡量土壤水分对植物的有效性和反映土壤持水性能的

一个重要指标。由模拟公式可知,比水容量的方程是将 van Genuchten 拟合方程以土壤水吸力为自变量求导后的斜率值,所以根据各曲线的拟合方程,比水容量方程即

$$C(h) = -\frac{d\theta}{dh} = \frac{(\theta_s - \theta_r)mn\alpha|\alpha h|^{n-1}}{[1+|\alpha h|^n]^{m+1}} \tag{2-7}$$

式中:θ 为体积含水量,cm^3/cm^3;θ_r 为残留含水量,cm^3/cm^3;θ_s 为饱和含水量,cm^3/cm^3;h 为负压,$cm \cdot H_2O$;α, n, m 为经验拟合参数(或曲线性状参数),$m=1-1/n$。

四、土壤储量的计算

$$\mathrm{SMS} = \sum_{i=1}^{n} \theta_i \mathrm{BD}_i S T_i \times 10 \tag{2-8}$$

$$C_i = C_{fi}\mathrm{BD}_i(1 - \delta_{2\ \mathrm{mm}})V_i \tag{2-9}$$

$$\mathrm{SCS} = \sum_{i=1}^{n} C_i \tag{2-10}$$

式中:SMS(soil moisture storage)为土壤总储水量, mm;C_i 为 i 土层的碳储量,g/m^2;SCS(soil carbon stock)为土壤碳储量,g/m^2;i 为土层深度;n 为总土层数;BD_i 为 i 土层的土壤容重,g/cm^3;S 为地块面积,m^2;T_i 为第 i 层土壤深度,cm;10 为传递系数;C_{fi} 为 i 土层的碳含量质量分数(%);$\delta_{2\ mm}$ 为土壤粗粒含量(直径> 2 mm);V_i 为 i 土层的土壤体积。

利用相似的方法,土壤氮储量(SNS, g/m^2)、土壤磷储量(SPS, g/m^2)和土壤钾储量(SKS, g/m^2)的计算方法如下:

$$\mathrm{SNS} = \sum_{i=1}^{n} N_{fi}\mathrm{BD}_i(1 - \delta_{2\ \mathrm{mm}})V_i \tag{2-11}$$

$$\mathrm{SPS} = \sum_{i=1}^{n} P_{fi}\mathrm{BD}_i(1 - \delta_{2\ \mathrm{mm}})V_i \tag{2-12}$$

$$\mathrm{SKS} = \sum_{i=1}^{n} K_{fi}\mathrm{BD}_i(1 - \delta_{2\ \mathrm{mm}})V_i \tag{2-13}$$

式中:i 为土层深度;n 为总土层数;BD_i 为 i 土层的土壤容重,g/cm^3;N_{fi}、P_{fi} 和 K_{fi} 分别为 i 土层的氮含量、磷含量和钾含量的质量分数(%);$\delta_{2\ mm}$ 代表土壤粗粒含量(直径> 2 mm);V_i 为 i 土层的土壤体积。

五、地表径流与土壤侵蚀参数计算

基于监测的地表径流和土壤侵蚀数据，我们计算了地表径流速率［RR_{ij}，L/(m^2 · h)］，径流系数(RC_{ij}，%)，侵蚀速率［ER_{ij}，g/(m^2 · h)］和侵蚀浓度(SC，g/L)的计算方式如下：

$$RR_{ij} = \frac{1}{i}\sum_{i=1}^{n}(R_{ij}/P_j/T) \tag{2-14}$$

$$RC_{ij} = \frac{1}{i}\sum_{i=1}^{n}(R_{ij}/P_j/D_{ij}) \tag{2-15}$$

$$ER_{ij} = \frac{1}{i}\sum_{i=1}^{n}(S_{ij}/P_j/T) \tag{2-16}$$

$$SC_{ij} = \frac{1}{i}\sum_{i=1}^{n}(S_{ij}/R_{ij}) \tag{2-17}$$

式中：i 为模拟降雨事件的次数；j 为小区编号；R_{ij} 和 P_j 分别为实验小区的径流量(L)和小区面积，m^2；T 为径流持续时间，h；D_{ij} 和 S_{ij} 分别为模拟降雨的降雨深和土壤侵蚀量。

六、植被属性的计算方法

为了分析植被属性和土壤侵蚀之间的关系，植被属性的计算方法如下：

$$VMF_{jp} = \left(\frac{1}{i}\sum_{i=1}^{n}SMF_{ip}\right)N_{jp} \tag{2-18}$$

式中：j 为小区编号；p 为目标植被在小区中的位置(本研究分为上坡位、中坡位和下坡位)；VMF_{jp}，SMF_{jp} 和 N_{jp} 分别为植被属性、标准木(每木检尺法挑选)的植被属性和 j 小区的植被数量。在本研究中，VMF 包括植被生物量(BM，g/m^2)、植被盖度(PC，%)和单位植被枝干持水量(WSC，g/g)。

本研究通过显著性分析检测不同处理下土壤状态特征和差异的显著性，采用 ANOVA 分析在 0.05 显著水平检验组间差异，采用 LSD 方式在 0.05 显著水平上多重比较。平均值和标准偏差的计算目的是对土壤指标准确度的检验。上述统计分析是用 SPSS Statistics 20 进行的。此外，线图和柱状图是利用 SigmaPlot 12.5 绘制。

第三章 整地和植被恢复对土壤理化性质的影响

第一节 引 言

土壤理化性质是衡量和评估土壤质量的主要指标之一。黄土高原气候干燥,降水集中,土层深厚,土质疏松,由于生态环境的不断恶化,该地区的土壤质量较低、植被幼苗成活率不高等问题日益明显,所以通过开展整地措施能够实现水土资源的高效利用。水平沟、水平阶、反坡台和鱼鳞坑是植被恢复实践过程中广泛采用的、典型的整地工程措施,相比自然坡面,整地措施能够有效拦沙截流、蓄水保墒,改良土壤和植被生长条件;另外,植被恢复对土壤理化性质也有明显的改良作用。所以,整地措施和植被恢复的耦合作用对于优化该地区的土地利用和促进生态环境改善具有重要意义。

在整地措施与植被耦合的条件下,究竟如何区分整地措施与植被分别对土壤理化性质的影响,相关的报道较少。由于整地措施改变了下垫面结构,而植被通过长时间的恢复也具备改良土壤的功能。因此,本部分主要对整地措施与植被耦合条件下的土壤理化性质进行研究,以柠条水平阶、侧柏鱼鳞坑、山杏水平沟、侧柏反坡台、油松鱼鳞坑和油松反坡台为主要研究对象,通过分析长时间开展整地措施后,整地与植被对土壤理化性质的耦合影响,来区分整地措施与植被类型各自对土壤理化性质的作用,同时为合理开展整地措施并建立相应的整地措施评价标准提供依据。

第二节　整地和植被恢复对土壤物理性质的影响

一、土壤容重

土壤容重可以反映土壤紧实程度和孔隙分布，作为重要的土壤物理性质指标，土壤容重对植物的生长有显著影响，较低容重的土壤土质疏松，这样的土质更有利于水分的入渗，并保证土壤有较好的通气性，也会让水分散失得更快，而容重过低的土质会阻碍作物根系和土壤接触；容重过高则造成土壤紧实，会影响土壤的肥、热、水、气调节，对植被生长产生不良影响。研究表明，整地措施和植被恢复均是调节土壤容重的重要措施。不同整地方式和植被恢复类型的土壤容重对比和变化如表 3-1 所示。

表 3-1　不同整地方式和植被恢复类型的土壤容重(BD)对比和变化

单位：g/cm^3

土壤深度/cm	柠条水平阶	侧柏鱼鳞坑	山杏水平沟	侧柏反坡台	油松鱼鳞坑	油松反坡台
0~10	1.22±0.07	1.29±0.02	1.15±0.02	1.15±0.10	1.01±0.03	0.96±0.02
10~20	1.16±0.02	1.31±0.05	1.21±0.08	1.17±0.05	0.97±0.03	1.08±0.11
20~40	1.18±0.03	1.26±0.04	1.22±0.02	1.20±0.08	1.15±0.08	1.17±0.03
40~60	1.26±0.02	1.22±0.06	1.24±0.04	1.17±0.01	1.25±0.08	1.16±0.06
60~80	1.27±0.05	1.26±0.02	1.22±0.03	1.17±0.04	1.24±0.01	1.19±0.02
80~100	1.22±0.03	1.26±0.01	1.22±0.02	1.26±0.01	1.25±0.05	1.20±0.01

不同整地措施土壤容重随深度的变化如图 3-1 所示。由图 3-1 可知，不同整地措施的土壤容重差异显著($p<0.05$)，且同一整地措施不同深度差异不同。具体来说，0~10 cm，侧柏鱼鳞坑土壤容重与柠条水平阶无显著差异($p<0.05$)，但其显著高于其他整地措施($p<0.05$)，同时，柠条水平阶显著高于油松鱼鳞坑和油松反坡台($p<0.05$)，但是与

侧柏反坡台无显著差异($p>0.05$)。10~20 cm,油松鱼鳞坑显著低于其他整地措施,而侧柏鱼鳞坑土壤容重显著高于其他整地措施。40~100 cm 土壤容重均高于0~20 cm。总体来看,油松反坡台平均土壤容重最低(1.13 g/cm^3),侧柏鱼鳞坑平均土壤容重最高(1.27 g/cm^3)。

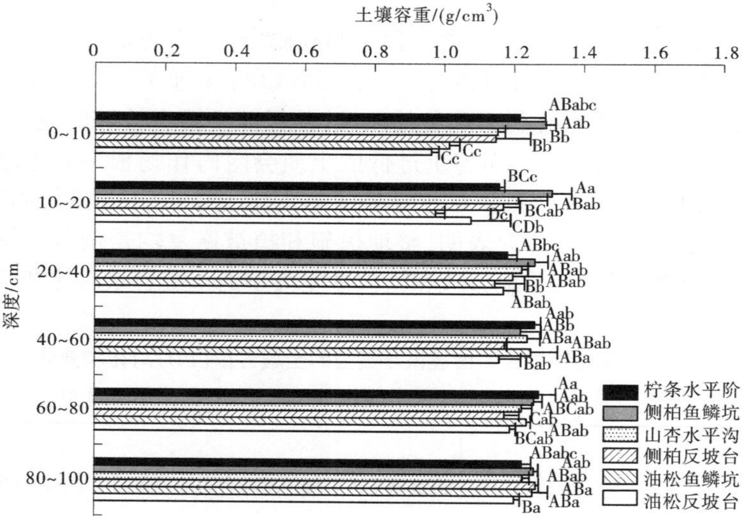

注:大写字母表示同一深度不同整地措施之间差异显著,
小写字母表示同一整地措施不同深度之间差异显著,$p<0.05$,下同。

图 3-1 不同整地措施土壤容重随深度的变化

二、土壤质地与土壤机械组成

本研究选取典型样地侧柏鱼鳞坑、侧柏反坡台和侧柏自然坡面典型样地,以比较梯田建设前后不同整地方式条件下土壤质地和机械组成的差异和变化(见表 3-2)。

表 3-2　实验地土壤质地和机械组成

小区	深度/cm	容重/(g/cm^3)	颗粒组成/% 0.25~2 mm	0.05~0.25 mm	0.01~0.05 mm	0.002~0.01 mm	<0.002 mm	物理性黏粒/% <0.01 mm	土壤质地
侧柏鱼鳞坑	0~20	1.102±0.03	3.023±1.640	24.124±1.780	54.161±2.308	10.585±1.066	8.107±0.483	18.692±1.352	粉砂质壤土
	20~40	1.259±0.08	0±0	18.725±2.496	58.160±1.601	14.119±0.938	8.996±0.840	23.115±1.596	粉砂质壤土
	40~60	1.221±0.08	2.257±0.909	20.969±3.512	56.089±2.786	13.223±1.602	7.462±1.290	20.685±2.809	粉砂质壤土
	60~80	1.258±0.01	0±0	20.231±1.639	57.845±1.334	14.231±1.221	7.693±1.232	21.924±2.442	粉砂质壤土
侧柏反坡台	0~20	1.158±0.02	1.298±0.279	19.923±4.313	56.461±2.610	12.033±1.930	10.284±1.228	22.317±3.070	粉砂质壤土
	20~40	1.197±0.11	0.760±0.316	19.890±3.974	56.974±1.987	11.848±1.734	10.528±1.215	22.376±2.949	粉砂质壤土
	40~60	1.174±0.06	0±0	23.138±2.054	55.827±1.363	11.064±0.401	9.971±0.343	21.035±0.710	粉砂质壤土
	60~80	1.173±0.02	0±0	21.394±4.350	56.410±2.821	11.762±0.840	10.433±0.722	22.196±1.532	粉砂质壤土
侧柏自然坡面	0~20	1.255±0.04	1.994±0.169	19.334±2.503	55.608±2.092	12.509±1.145	10.556±0.982	23.064±1.985	粉砂质壤土
	20~40	1.252±0.04	0±0	23.242±1.851	55.619±2.537	12.473±0.428	8.667±0.543	21.139±0.917	粉砂质壤土
	40~60	1.228±0.03	0±0	17.793±2.445	60.045±3.340	12.077±0.327	10.085±0.900	22.162±1.044	粉砂质壤土
	60~80	1.232±0.02	0±0	15.536±2.469	58.614±1.326	14.189±1.390	11.661±0.363	25.850±1.451	粉砂质壤土

如表 3-2 所示，土壤质地是粉砂质壤土，表现在土壤水分特征曲线上，在低水吸力段比较平缓，而在中水吸力段和高水吸力段区间内的曲线比较陡直(见图 3-2)。这是因为在低水吸力阶段的土壤水势范围内，土壤的释放水分过程主要取决于土壤结构较粗的孔隙分布。因为低水吸力和高水吸力下，脱水过程主要靠毛管力和土壤颗粒表面吸附力起作用，所以土壤质地是主要的影响因素。在研究区流域的土壤样品机械组成分析中显示，土壤颗粒粒径中粉砂粒(0.002～0.01 mm)和砂粒(>0.02 mm)含量较少，黏粒含量不足 10%，所以该地区土壤属粉砂质壤土，而非黄土母质发育的普遍的砂质壤土，原因是该地区常年有效的植被恢复和土地整地方式后，土壤环境和土壤质地有了明显的改善，其粉粒含量明显增加，土壤质地逐渐变为粉砂质壤土。从图 3-2 中还可以看出，不同土层之间的土壤水分特征曲线几乎重合，形状、趋势基本一致，这也说明该地区的土壤发育时间较短，或在人为干扰(整地、人工植被恢复)条件下，土壤土层之间颗粒组成和土壤持水性质之间差异不明显。

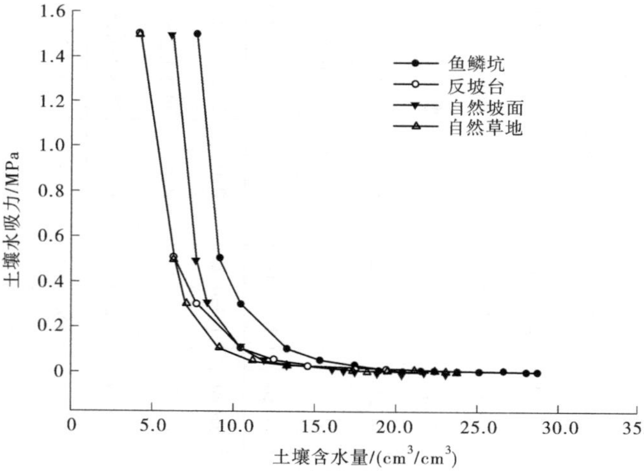

(a)0~20 cm

图 3-2　整地方式和自然坡面条件下各土层的土壤水分特征曲线

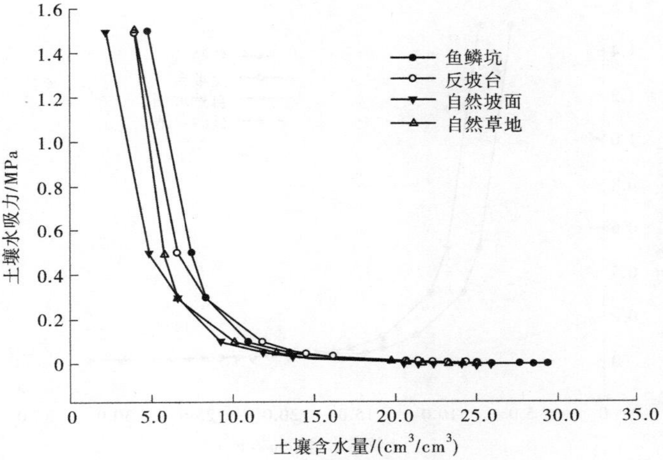

(b)20~40 cm

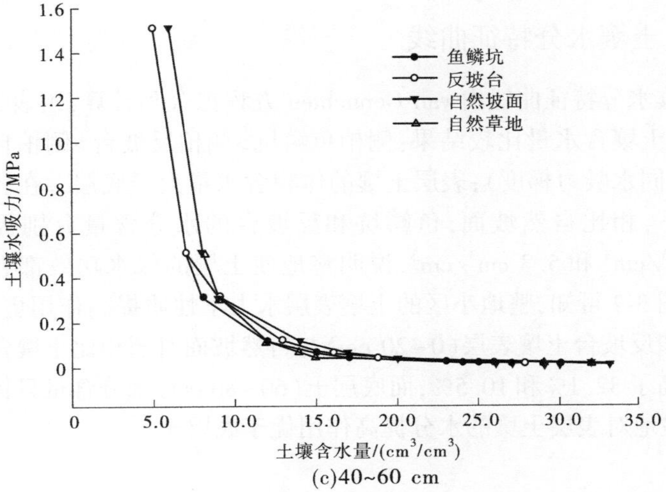

(c)40~60 cm

续图 3-2

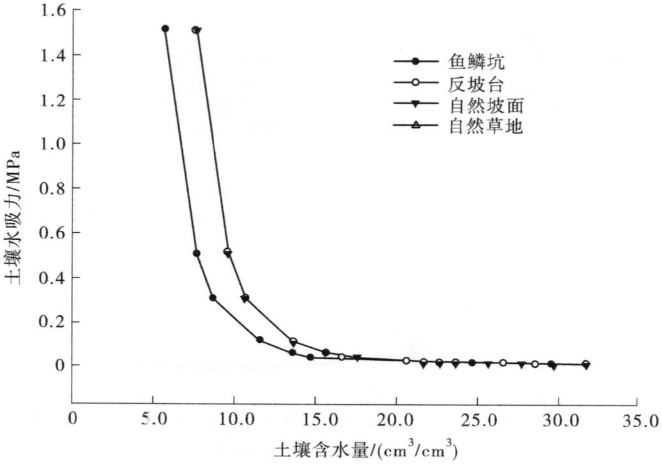

(d)60~80 cm

续图 3-2

三、土壤水分特征曲线

土壤水分特征曲线由 van Genuchten 方程拟合和计算，由表 3-3 可知，不同土壤含水量比较结果：侧柏鱼鳞坑>侧柏反坡台>侧柏自然坡面(各相同水吸力梯度)；表层土壤的体积含水量大于底层。在各水吸力梯度下，相比自然坡面，鱼鳞坑和反坡台的水分含量分别提高了 10.5 cm^3/cm^3 和 5.3 cm^3/cm^3，说明整地使土壤的保水功效都有所提升。由图 3-2 可知，整地小区的土壤表层水力学性质提高作用更明显，鱼鳞坑和反坡台土壤表层(0~20 cm)与自然坡面对照相比土壤含水量分别提高了 32.1%和 10.5%，而底层土(60~80 cm)水分含量只提高了 5.3%，整地对表层土壤的水分提高作用优于底层土。

表 3-3 土壤含水量与土壤水吸力对应关系

小区	深度/cm	不同土壤水吸力(MPa)下的土壤含水量/(cm^3/cm^3)						
		0	0.001	0.004	0.008	0.01	0.03	0.05
侧柏鱼鳞坑	0~20	0.39±0.02	0.38±0.01	0.35±0	0.33±0.01	0.26±0.04	0.23±0.03	0.20±0.02
	20~40	0.35±0.01	0.34±0.01	0.31±0.01	0.28±0.01	0.21±0.03	0.18±0.01	0.15±0
	40~60	0.31±0.01	0.28±0.02	0.26±0.02	0.25±0.01	0.21±0.03	0.18±0.02	0.14±0
	60~80	0.33±0.01	0.32±0.03	0.30±0.04	0.28±0.04	0.27±0.12	0.16±0.02	0.13±0.01
侧柏反坡台	0~20	0.35±0.02	0.29±0	0.28±0.01	0.28±0	0.24±0.02	0.20±0.02	0.18±0
	20~40	0.35±0.01	0.34±0.01	0.33±0.01	0.31±0	0.25±0.04	0.21±0.02	0.18±0.01
	40~60	0.31±0.01	0.30±0.02	0.28±0.02	0.27±0.01	0.22±0.03	0.19±0.02	0.16±0.01
	60~80	0.33±0	0.26±0.01	0.24±0	0.23±0	0.22±0.03	0.19±0.02	0.15±0.01
侧柏自然坡面	0~20	0.31±0.01	0.29±0	0.27±0.01	0.26±0	0.21±0.02	0.19±0.02	0.16±0
	20~40	0.30±0	0.29±0.01	0.28±0.01	0.27±0.01	0.23±0.01	0.19±0.02	0.17±0.01
	40~60	0.34±0.01	0.32±0.01	0.30±0.01	0.29±0	0.22±0.03	0.19±0.02	0.16±0.01
	60~80	0.33±0.01	0.27±0.01	0.25±0.01	0.25±0	0.22±0.03	0.19±0.02	0.16±0.01

注:1. 表中 α、n、m 为拟合参数(或曲线拟合参数),$m=1-1/n$;

2. θ_s、θ_r 分别为饱和含水量与残余含水量;

3. r、SSE 分别为拟合曲线的相关系数、误差平方和。

续表 3-3

小区	深度/cm	不同土壤水吸力(MPa)下的土壤含水量/(cm^3/cm^3)				拟合参数					
		0.1	0.3	0.5	1.5	SSE	α	n	θ_s/%	θ_r/%	r
侧柏鱼鳞坑	0~20	0.18±0.01	0.17±0.08	0.11±0.00	0.11±0.01	1.225×10^{-3}	2.953	1.236	39	1.0	0.988
	20~40	0.13±0.01	0.11±0.01	0.09±0	0.09±0.01	1.168×10^{-3}	2.417	1.303	35	0.2	0.987
	40~60	0.12±0.01	0.09±0.01	0.08±0	0.07±0.01	2.876×10^{-3}	1.503	1.330	31	0	0.971
	60~80	0.13±0.06	0.07±0.03	0.09±0.01	0.08±0.01	1.996×10^{-2}	0.831	1.846	33	0.7	0.870
侧柏反坡台	0~20	0.16±0.02	0.13±0.02	0.11±0	0.10±0.01	6.741×10^{-4}	0.873	1.317	35	0	0.985
	20~40	0.11±0.03	0.11±0.01	0.12±0	0.11±0	8.576×10^{-4}	1.088	1.306	35	0	0.974
	40~60	0.13±0.01	0.11±0.02	0.10±0.01	0.09±0	1.161×10^{-3}	1.089	1.349	31	0	0.972
	60~80	0.12±0.02	0.09±0.01	0.08±0	0.07±0	7.324×10^{-3}	10.92	1.184	33	0	0.900
侧柏自然坡面	0~20	0.11±0.02	0.09±0.02	0.08±0	0.06±0.01	2.377×10^{-3}	5.347	1.204	31	0	0.967
	20~40	0.13±0	0.11±0.01	0.10±0	0.10±0.01	7.283×10^{-4}	1.064	1.674	30	6.2	0.985
	40~60	0.13±0.01	0.11±0.01	0.10±0	0.10±0	1.391×10^{-3}	1.456	1.332	34	0	0.974
	60~80	0.12±0.01	0.10±0.01	0.09±0.01	0.08±0	5.521×10^{-3}	4.862	1.213	33	0	0.930

四、土壤水分有效性常数

土壤持水能力表示土壤对水分的保持和蓄积能力，土壤持水能力一般通过田间持水量、有效水含量等指标来表征，其中田间持水量是指在自然状态下土壤灌溉所能保持的最大含水量，它表示了土壤对水分的保持能力。有效水含量表示在土壤中可被植被吸收的有效水分含量。各小区的土壤水分有效性常数如表 3-4 所示。

从测定数据来看，表 3-4 中显示的该地区的土壤水分常数比较低，土壤水分保持能力较弱。0～80 cm 内土层最大蓄水时土壤含水量为 22.61%，饱和含水量最大值只有 38.93%，有效水含量在 10%左右，因为该地区土质土壤孔隙较大，粒间孔隙粗，毛管力微弱，施加较小的吸力，大孔隙中的水分就被排出，这是该地区的土壤持水量较低的内在原因。但对比整地与对照的土壤水分常数变化，整地小区的土壤饱和含水量、有效水、田间持水量等水分常数有显著的提高（$p<0.05$），对比饱和含水量和有效水含量，结果显示鱼鳞坑小区>反坡台小区>自然坡面对照小区，而且同样表现出表层土优于底层土的特点（相同整地和植被覆盖）。整地小区相比自然坡面对照，鱼鳞坑比自然坡面的表层土壤（0～20 cm）饱和含水量高 7.9%，提高了 26%左右；与对照相比，表层土壤（0～20 cm）有效水分提高了 31.30%。由此说明，整地之后的土壤持水性相对较好，整地对提高土壤的持水性有积极作用。

从表 3-4 中可知，黄土高原地区的土壤重力流出水和无效水的含量较高，即高水量条件下容易流失和无法被植被吸收利用。结合土壤性质和土壤颗粒组成可以看出，土壤持水性质与土壤物理性黏粒的多少有关，因为土壤物理性黏粒被认为是土壤水力学性质较好的颗粒，其含量越少，表明土壤质地越粗糙或过于黏重，持水量越少，尤其在土壤水吸力较大时。

表 3-4　土壤水分有效性常数

小区	土壤深度 h/cm	重力水/%	有效水/%		
			全有效水(AWC)	速效水	迟效水
侧柏鱼鳞坑	0~20	16.31±0.92Ba	11.35±2.29Aa	5.58±0.15Ba	5.77±2.13Aa
	20~40	16.96±2.10Aa	9.38±2.56Aa	7.06±2.19Aa	2.32±0.37Ab
	40~60	13.34±3.70Aa	10.47±3.39Aa	8.36±3.40Aa	2.10±0.01Ab
	60~80	17.43±0.73Aa	7.66±2.36Aa	7.66±4.81Aa	0±3.78Ab
侧柏反坡台	0~20	14.34±2.40Aa	10.13±2.60Aa	7.63±3.49ABa	2.50±0.89Ba
	20~40	14.01±3.88Aa	9.94±2.71Aa	9.94±1.25Aa	0±0.74Ba
	40~60	12.34±2.92Aa	9.92±2.11Aa	8.11±3.58Aa	1.81±1.47Aa
	60~80	14.23±2.35Aa	11.34±1.78Aa	9.21±3.42Aa	2.13±1.64Aa
自然坡面	0~20	12.42±3.32Ba	8.18±1.77Ba	8.12±0.14Aa	0.06±1.64Ba
	20~40	10.74±2.12Ba	9.08±1.86Aa	8.02±2.36Aa	1.06±0.49Ba
	40~60	15.54±3.32Aa	8.92±2.23Aa	7.91±3.25Aa	1.01±1.01Aa
	60~80	14.31±3.65Aa	10.92±2.26Aa	9.19±3.07Aa	1.72±0.81Aa

注：不同大写字母表示同一深度不同整地方式差异显著，不同小写字母表示同一整地方式不同土层深度之间差异显著($p<0.05$)，下同。

续表 3-4

小区	土壤深度 h/cm	无效水/%	饱和含水量/%	田间持水量(FC)/%	萎蔫含水量(WP)/%	残余含水量/%
侧柏鱼鳞坑	0~20	10.26±0.93Aa	38.93±2.29Aa	22.61±3.21Aa	11.26±0.93Aa	1.0
	20~40	8.60±1.14Ba	35.14±0.69Ab	18.19±1.41Ab	8.80±1.14Bb	0.2
	40~60	6.81±1.15Ba	30.91±1.45Bc	17.57±2.25Ab	7.11±1.15Ab	0.3
	60~80	7.28±0.66Ba	33.07±0.97Abc	15.64±1.70Ab	7.98±0.66Bb	0.7
侧柏反坡台	0~20	10.13±0.71Ab	34.60±0.52Bab	20.26±1.89Aa	10.13±0.71ABb	0
	20~40	11.49±0.27Aa	35.44±1.44Aa	21.43±2.44Aa	11.49±0.27Aa	0
	40~60	8.80±0.19Ac	31.06±0.99Bc	18.73±1.93Aa	8.80±0.19Bc	0
	60~80	7.17±0.25Bd	32.74±0.32Abc	18.51±2.03Aa	7.17±0.25Ad	0
自然坡面	0~20	6.43±3.43Abc	31.03±1.66Ba	18.61±1.66Ba	6.43±3.43Bb	0
	20~40	3.72±0.23Ba	29.74±0.49Bb	19.00±1.63Aa	9.92±0.23Ba	6.2
	40~60	9.83±0.02Cc	34.29±1.07Aa	18.75±2.25Aa	9.83±0.02Ba	0
	60~80	8.10±0.07Aab	33.33±1.46Aa	19.02±2.19Aa	8.10±0.07Bab	0

五、土壤持水能力-持水性能对比

土壤水分有效性常数的测定结果见图 3-3。

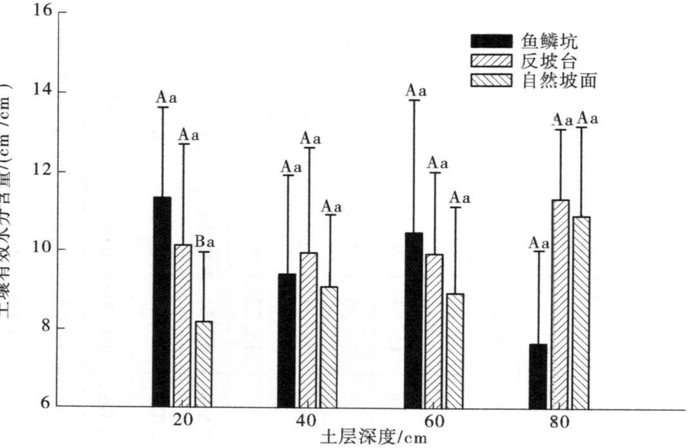

(a)有效水含量

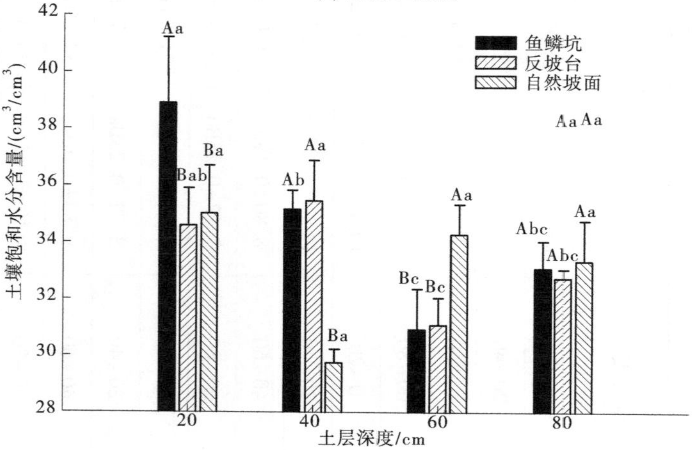

(b)饱和含水量

注:不同大写字母表示不同整地方式和自然坡面之间的差异显著($p < 0.05$, Kruskal-Wallis H Test),不同小写字母表示整地方式和自然坡面在各土层水分含量的差异显著($p<0.05$,Kruskal-Wallis H Test)。

图 3-3　不同整地方式和自然坡面条件下的各土层的土壤水分有效性常数比较

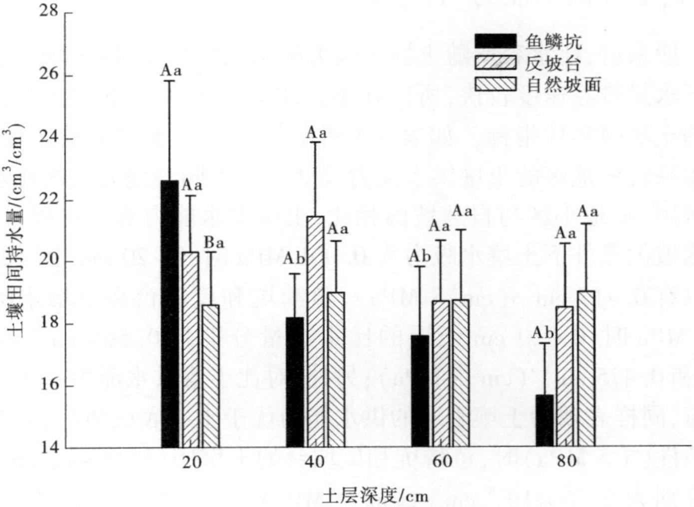

(c)田间持水量

续图 3-3

如图 3-3 所示,研究区的土壤水分保持能力较弱,表现在土壤水分常数较低,同时如饱和含水量最大值只有 38. 93%(cm^3/cm^3),有效水含量只在 10 %左右。整地对水分常数有提高作用,整地小区的土壤水分常数(表层田间持水量、饱和含水量、有效水含量等)均有明显的升高,并与对照的差异呈现显著性(Kruskal-Wallis H Test, $p<0.05$);整地小区土壤表层(0~20 cm)的饱和含水量提高了 7.9%,相同土层的有效水分含量也提高 31. 30%;对于不同整地方式,鱼鳞坑和反坡台的表层土壤(0~20 cm)有效水分含量相比自然坡面对照分别提高了 38. 75%和 23. 84%,而深层土壤(60~80 cm)的有效水分含量与自然坡面对照的差异只有 3. 34%和 3. 85%。综上所述,整地之后相比自然坡面对照,土壤的持水性能相对提升,整地对提高土壤的持水能力有积极作用。另外,整地小区的表层土壤持水能力相比底层土壤更好,且底层土壤水分在整地与对照的差异没有表层土壤水分差异明显。

六、土壤供水能力-比水容量对比

一般来讲,比水容量随土壤水吸力的增大而减小,因为较大水吸力条件下水量排除速度较快,所以在不同水力梯度条件下的比水容量是重要的土壤耐寒性指标。如表3-5所示是土壤比水容量的比较结果,从整体来看该地区的土壤供水能力较低。从不同整地方式的比水容量可以看出,整地小区与自然坡面相比,土壤供水能力有一定提升,表现在自然坡面条件下土壤水吸力为0.001 MPa时,0~20 cm土层的比水容量只有0.417 $cm^3/(cm^3 \cdot MPa)$,鱼鳞坑和反坡台在土壤水吸力为0.001 MPa时,0~20 cm土层的比水容量分别是0.565 $cm^3/(cm^3 \cdot MPa)$和0.475 $cm^3/(cm^3 \cdot MPa)$;另外,对比土壤供水能力在不同土层的数值,同样表现为土壤表层的供水能力优于土壤底层情况,如在高水吸力条件(0.5 MPa)时,鱼鳞坑和反坡台的土壤底层(60~80 cm)比水容量分别为2.27×10^{-4} $cm^3/(cm^3 \cdot MPa)$和3.74×10^{-4} $cm^3/(cm^3 \cdot MPa)$,而表层土壤的比水容量分别是5.83×10^{-4} $cm^3/(cm^3 \cdot MPa)$和5.71×10^{-4} $cm^3/(cm^3 \cdot MPa)$。由此可见,整地小区相比自然坡面对照,土壤供水能力得到有效提升,而且由不同土层的比较可以看出,表层提升作用相比底层更明显。

在低水吸力范围内,易有效水的含量及供给能力高于自然坡面,高吸力梯度下差异逐渐变小。因为土质颗粒粒径较大,导致土壤孔隙比较大,毛管吸附力微弱,而整地小区略微改善了土壤结构和土壤环境,使在低水吸力条件下有效水比较容易供给,而在高水吸力条件下,土壤本身的结构特点决定了其供水的困难性,导致供水差异逐渐变小。由于实验地的土壤是粉砂质的壤土,粒间孔隙粗,毛管力较小,释放水分需要有较大的吸力才能完成,所以该地区水分含量较低。

表 3-5　土壤水吸力与土壤比水容量对应关系

小区	深度/cm	不同土壤水吸力条件下的土壤比水容量/[cm^3/(cm^3 · MPa)]					
		0.001	0.003	0.004	0.006	0.008	0.01
侧柏鱼鳞坑	0~20	$5.65×10^{-1}$	$3.56×10^{-1}$	$1.75×10^{-1}$	$8.12×10^{-2}$	$6.79×10^{-2}$	$5.56×10^{-2}$
	20~40	$5.66×10^{-1}$	$3.55×10^{-1}$	$1.74×10^{-1}$	$8.09×10^{-2}$	$6.88×10^{-2}$	$5.66×10^{-2}$
	40~60	$4.80×10^{-1}$	$6.46×10^{-2}$	$5.68×10^{-2}$	$5.60×10^{-2}$	$5.56×10^{-2}$	$4.80×10^{-2}$
	60~80	$8.62×10^{-1}$	$8.57×10^{-2}$	$7.19×10^{-2}$	$7.16×10^{-2}$	$7.08×10^{-2}$	$8.62×10^{-2}$
侧柏反坡台	0~20	$4.75×10^{-1}$	$3.37×10^{-1}$	$1.72×10^{-1}$	$8.53×10^{-2}$	$4.08×10^{-2}$	$3.75×10^{-2}$
	20~40	$3.96×10^{-1}$	$3.89×10^{-1}$	$1.64×10^{-1}$	$7.28×10^{-2}$	$4.42×10^{-2}$	$3.96×10^{-2}$
	40~60	$4.56×10^{-1}$	$5.61×10^{-2}$	$5.33×10^{-2}$	$4.99×10^{-2}$	$4.79×10^{-2}$	$4.56×10^{-2}$
	60~80	$6.60×10^{-1}$	$6.25×10^{-2}$	$6.43×10^{-2}$	$6.04×10^{-2}$	$4.60×10^{-2}$	$3.60×10^{-2}$
自然坡面	0~20	$4.17×10^{-1}$	$2.91×10^{-1}$	$1.24×10^{-1}$	$7.81×10^{-2}$	$5.24×10^{-2}$	$4.17×10^{-2}$
	20~40	$2.59×10^{-1}$	$7.22×10^{-2}$	$6.99×10^{-2}$	$5.89×10^{-2}$	$4.80×10^{-2}$	$4.15×10^{-2}$
	40~60	$5.39×10^{-1}$	$5.20×10^{-2}$	$4.61×10^{-2}$	$4.58×10^{-2}$	$3.22×10^{-2}$	$2.39×10^{-2}$
	60~80	$6.08×10^{-1}$	$6.77×10^{-2}$	$5.72×10^{-2}$	$5.53×10^{-2}$	$5.16×10^{-2}$	$4.12×10^{-2}$

续表 3-5

小区	深度/cm	不同土壤水吸力条件下的土壤比水容量/[cm^3/(cm^3·MPa)]					
		0.03	0.05	0.1	0.3	0.5	1.5
侧柏鱼鳞坑	0~20	1.75×10^{-2}	9.64×10^{-3}	4.19×10^{-3}	1.09×10^{-3}	5.83×10^{-4}	1.50×10^{-4}
	20~40	1.74×10^{-2}	9.31×10^{-3}	3.88×10^{-3}	9.42×10^{-4}	4.85×10^{-4}	1.16×10^{-4}
	40~60	1.68×10^{-2}	9.20×10^{-3}	3.84×10^{-3}	9.15×10^{-4}	4.66×10^{-4}	1.38×10^{-4}
	60~80	3.19×10^{-2}	1.44×10^{-2}	4.30×10^{-3}	5.81×10^{-4}	2.27×10^{-4}	1.99×10^{-4}
侧柏反坡台	0~20	1.72×10^{-2}	1.01×10^{-2}	4.48×10^{-3}	1.01×10^{-3}	5.71×10^{-4}	1.35×10^{-4}
	20~40	1.64×10^{-2}	9.38×10^{-3}	4.09×10^{-3}	9.01×10^{-4}	4.23×10^{-4}	1.05×10^{-4}
	40~60	1.83×10^{-2}	1.03×10^{-2}	4.34×10^{-3}	9.02×10^{-4}	5.17×10^{-4}	1.18×10^{-4}
	60~80	1.03×10^{-2}	5.66×10^{-3}	2.50×10^{-3}	6.84×10^{-4}	3.74×10^{-4}	1.02×10^{-4}
自然坡面	0~20	1.24×10^{-2}	6.81×10^{-3}	2.99×10^{-3}	1.34×10^{-3}	6.35×10^{-4}	2.16×10^{-4}
	20~40	2.00×10^{-2}	9.02×10^{-3}	3.12×10^{-3}	4.08×10^{-4}	5.17×10^{-4}	3.45×10^{-4}
	40~60	1.91×10^{-2}	1.05×10^{-2}	4.38×10^{-3}	1.04×10^{-3}	5.29×10^{-4}	1.23×10^{-4}
	60~80	1.22×10^{-2}	6.71×10^{-3}	2.94×10^{-3}	7.81×10^{-4}	4.21×10^{-4}	1.11×10^{-4}

七、土壤分形维数

不同整地措施各深度土壤机械组成与分形维数见表 3-6。不同整地措施的土壤粒径分布均以粉粒(2~50 μm)为主,同时,不同深度整地措施之间黏粒、粉粒和砂粒含量差异显著(p<0.05)。在土壤表层(0~10 cm),山杏水平沟小区和油松鱼鳞坑小区的土壤黏粒含量显著高于其他整地方式和植被类型耦合小区的土壤黏粒含量(p<0.05),总体来说,油松鱼鳞坑的黏粒含量最高。同样地,山杏水平沟在土壤表层(0~10 cm)分形维数最高,而侧柏鱼鳞坑分形维数最低。10~20 cm,侧柏鱼鳞坑的分形维数也显著低于柠条水平阶和油松鱼鳞坑(p<0.05)。油松鱼鳞坑在 0~100 cm 深度分形维数最高,而侧柏鱼鳞坑最低。不同整地措施分形维数具体表现为侧柏鱼鳞坑<柠条水平阶<侧柏反坡台<油松反坡台<山杏水平沟<油松鱼鳞坑。

表 3-6　不同整地措施各深度土壤机械组成与分形维数

整地措施	深度/cm	黏粒(<2 μm)%	粉粒(2~50 μm)%	砂粒(50~2 000 μm)%	分形维数
柠条水平阶	0~10	9.71±1.61aB	66.32±2.11aB	23.97±3.73aB	2.52±0.04aBC
	10~20	9.75±1.19aAB	70.58±1.62abA	19.68±2.81abA	2.54±0.03aAB
	20~40	9.96±1.37aAB	72.63±1.81bA	17.41±1.47bAB	2.55±0.03aAB
	40~60	9.94±1.99aB	72.40±2.34bB	17.66±3.13bAB	2.55±0.04aB
	60~80	9.27±0.86aBC	68.39±3.53abB	22.34±4.22abA	2.52±0.03aC
	80~100	9.69±0.52aAB	69.02±2.65abB	21.29±2.45abAB	2.54±0.01aB
侧柏鱼鳞坑	0~10	7.75±0.25aB	62.38±3.49aC	29.86±3.66aA	2.47±0.02aC
	10~20	9.10±0.93aB	70.81±0.79bA	20.09±0.89bA	2.53±0.02bB
	20~40	8.61±0.34aB	72.41±3.72bA	18.98±3.55bAB	2.52±0.01bB
	40~60	7.46±1.29aC	69.31±4.34bBC	23.23±3.41bA	2.48±0.04abC
	60~80	7.69±1.23aC	72.08±0.75bB	20.23±1.64bA	2.50±0.03abC
	80~100	7.68±0.90aB	73.05±2.22bAB	19.27±2.46bB	2.50±0.02abB

续表 3-6

整地措施	深度/cm	黏粒(<2 μm)%	粉粒(2~50 μm)%	砂粒(50~2 000 μm)%	分形维数
山杏水平沟	0~10	11.94±0.44aA	74.38±2.37aA	13.67±2.81bC	2.59±0.01aA
	10~20	11.22±0.54abA	72.59±2.21aA	16.18±2.68abA	2.57±0.01abA
	20~40	10.47±1.52abB	70.86±1.03aAB	18.67±1.79abAB	2.56±0.03abAB
	40~60	10.05±0.06abB	70.21±0.71aBC	19.74±0.76aAB	2.55±0.01abB
	60~80	9.64±0.50bB	69.67±0.57aB	20.69±0.82aA	2.54±0.01bBC
	80~100	9.70±0.57bAB	70.06±0.30aAB	20.24±0.85aAB	2.54±0.01bB
侧柏反坡台	0~10	9.85±0.92aB	66.47±1.56aBC	23.67±2.46aB	2.53±0.02aBC
	10~20	10.68±0.73aAB	69.52±2.65aA	19.80±3.09aA	2.56±0.02aAB
	20~40	10.05±0.69aAB	67.69±1.97aB	22.26±2.64aA	2.54±0.02aB
	40~60	9.97±0.34aB	66.89±1.72aC	23.14±2.05aA	2.53±0.01aB
	60~80	10.43±0.72aB	68.17±2.64aB	21.39±4.35aA	2.55±0.02aBC
	80~100	10.45±0.68aA	67.57±0.81aB	21.98±1.37aAB	2.55±0.02aAB
油松鱼鳞坑	0~10	10.61±0.55bA	68.45±0.95aB	20.95±1.01aB	2.55±0.01bB
	10~20	11.31±0.70abA	71.70±2.00aA	16.99±2.62abA	2.57±0.02abA
	20~40	11.78±0.23abA	72.48±5.00aA	15.74±4.91abB	2.59±0.01abA
	40~60	12.41±2.30abA	78.45±1.86bA	9.13±3.56cB	2.61±0.04aA
	60~80	13.11±2.24a	77.30±0.45bA	9.59±2.59cB	2.62±0.04aA
	80~100	11.53±0.58abA	73.80±1.33abA	14.67±0.59bcB	2.58±0.01aA
油松反坡台	0~10	8.31±1.55aB	68.53±2.68bB	23.16±4.01aB	2.50±0.04aC
	10~20	10.33±1.33bAB	73.06±4.48abA	16.61±5.77bA	2.56±0.04bAB
	20~40	10.63±2.61bA	73.88±5.77aA	15.49±1.57bB	2.56±0.08bAB
	40~60	10.88±0.88bA	74.62±2.70aA	14.50±3.58bB	2.57±0.02bA
	60~80	10.62±2.00bA	77.00±4.97aA	12.38±1.11bB	2.57±0.05bB
	80~100	8.07±0.34aB	66.82±1.09bB	25.11±1.40bA	2.49±0.01aB

第三节　整地和植被恢复对土壤养分性质的影响

位于半干旱地区的黄土高原属温带大陆性季风气候，春冬两季寒冷而干燥，多风多沙；夏秋两季气候炎热且降雨集中，多以暴雨形式出现，此外黄土高原的黄土土质疏松深厚，土壤颗粒较细，这样的气候条件和土质条件，容易导致水土流失，从而导致养分的流失。植被对土壤养分起到了补充物质来源的作用，同时土壤养分对植物生长至关重要，植被生长对土壤环境的改善和土壤养分的保持有着重要作用，研究整地方式和植被类型对土壤养分条件的影响，对土壤改善和生态恢复有重要意义。

由于生态环境的持续恶化，黄土高原通过一系列整地方式来改善该地区的生态环境状况，在不同时期和地区进行了提高植被存活率和防治水土流失的尝试，许多实验证明，整地方式对黄土高原的生态修复和环境质量改善有着重要作用。与自然坡面相比，整地措施和植被恢复有阻拦径流、保水保墒、改善土壤环境、提高植被生长状况等功效。因此，对现有土地利用方式的改坡整地，是保护黄土高原土地资源利用和治理改善黄土高原生态环境问题的重要手段，并且具有重要意义。

一、土壤有机质

土壤有机质对土壤质量的评价至关重要。土壤有机质对土壤养分保持和供给能力，以及保证养分利用效率方面有着非常重要的作用。此外，有机质还能够促进土壤形成良好的团粒结构，增强土壤的抗干扰、缓冲性等。不同整地方式和植被耦合条件下：柠条水平阶（lbNT）、侧柏鱼鳞坑（fspCB）、山杏水平沟（ldSX）、侧柏反坡台（adtCB）、油松鱼鳞坑（fspYS）和油松反坡台（adtYS）的土壤有机质（SOC）分析结果如图 3-4 所示。

由图 3-4 可知，不同整地方式和植被类型条件下土壤有机质含量差异显著（$p<0.05$），且不同深度亦是如此。除柠条水平阶外，其他小区土壤有机质含量均在表层最高，而柠条水平阶在 5～10 cm 时有机质含量最高，原因可能是柠条特有的根系活动造成的。土壤有机质平均含量由高至低依次为油松鱼鳞坑>柠条水平阶>油松反坡台>侧柏反坡

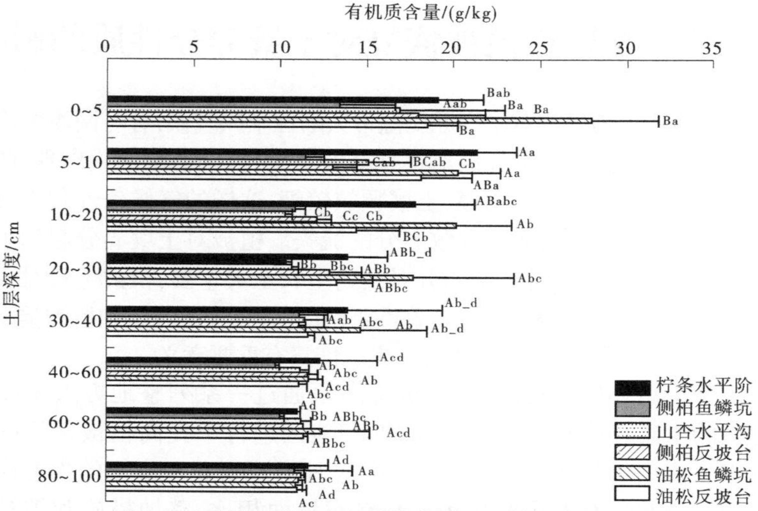

图 3-4　不同整地方式和植被类型下土壤有机质含量

台>山杏水平沟>侧柏鱼鳞坑。

不同整地方式和植被类型条件下的土壤有机质含量垂直分布如图 3-5 所示。

从图 3-5 中可以看出,各处理的有机质含量随土层深度的增加而逐渐减少,在油松植被的对比中,鱼鳞坑比反坡台整地方式条件下更有利于有机质的富集,特别是土壤表层有机质含量,表现在油松鱼鳞坑 0~5 cm 有机质含量达到了 28 g/kg;而在 60 cm 及以下深度的土层中,两者有机质含量则趋于相近,同样的结果出现在侧柏的植被情况下。在整地方式的对比中,鱼鳞坑同样表现出了表层有机质含量累积的优势性,由此可以看出,在垂直方向上的有机质积累对比中,鱼鳞坑较其他整地方式有明显的优势。

二、土壤氮

(一)土壤全氮含量

研究区不同整地方式和植被类型条件下,土壤全氮含量如图 3-6 所示。

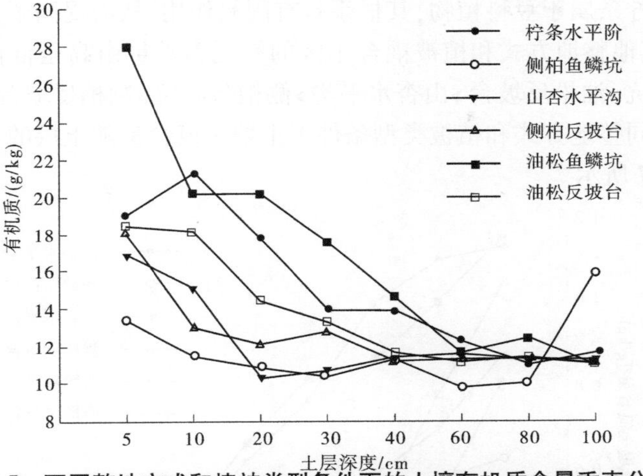

图 3-5　不同整地方式和植被类型条件下的土壤有机质含量垂直分布

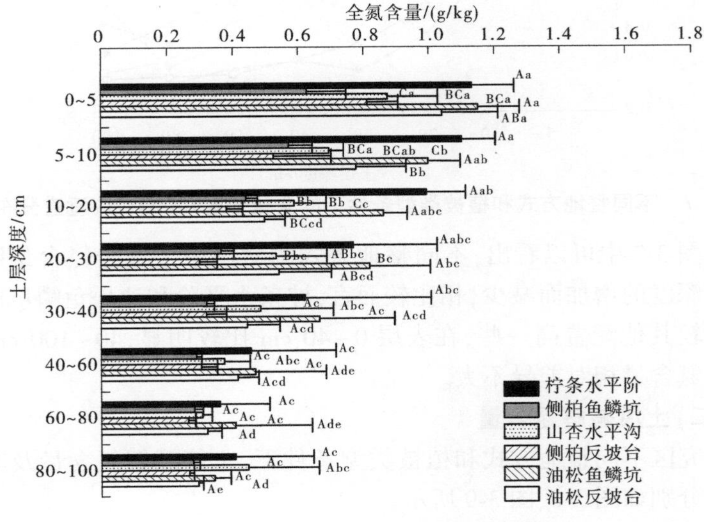

图 3-6　不同整地方式和植被类型条件下土壤全氮含量

由图 3-6 可知，土壤全氮含量各整地方式均在表层土壤含量最高，呈现出明显的表聚性。土壤全氮平均含量以柠条水平阶最高，可能的原因是柠条属于豆科植物,其根系具有固氮作用,从而提高了土壤氮素含量,其他整地方式和植被耦合小区的氮元素总量由高至低依次为油松鱼鳞坑>油松反坡台>山杏水平沟>侧柏鱼鳞坑>侧柏反坡台。

不同整地方式和植被类型条件下土壤全氮含量随土层的垂直分布如图 3-7 所示。

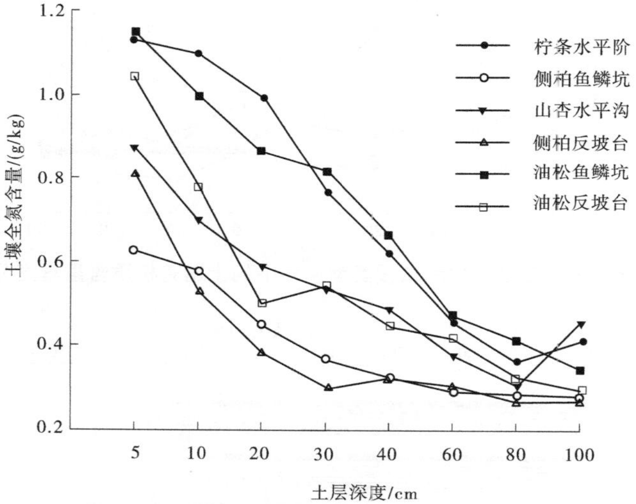

图 3-7　不同整地方式和植被类型条件下的全氮含量 0~100 cm 垂直分布

从图 3-7 中可以看出,不同整地方式的对比中土壤全氮含量明显随土层深度的增加而减少,相比较而言,柠条水平阶和油松鱼鳞坑的全氮含量较其他配置高一些,在表层 0~40 cm 比较明显,40~100 cm 土层的全氮含量相对差异不大。

(二)土壤碱解氮含量

研究区不同整地方式和植被类型条件下,土壤碱解氮含量及其垂直分布分别如图 3-8、图 3-9 所示。

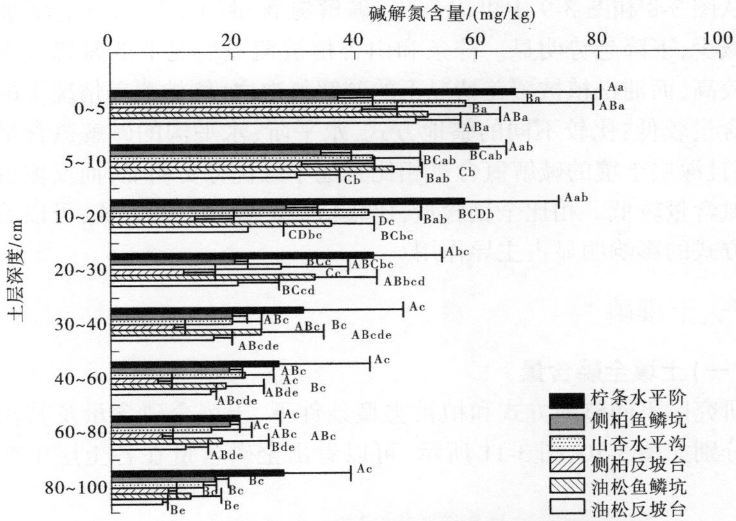

图 3-8　不同整地方式和植被类型条件下土壤碱解氮含量

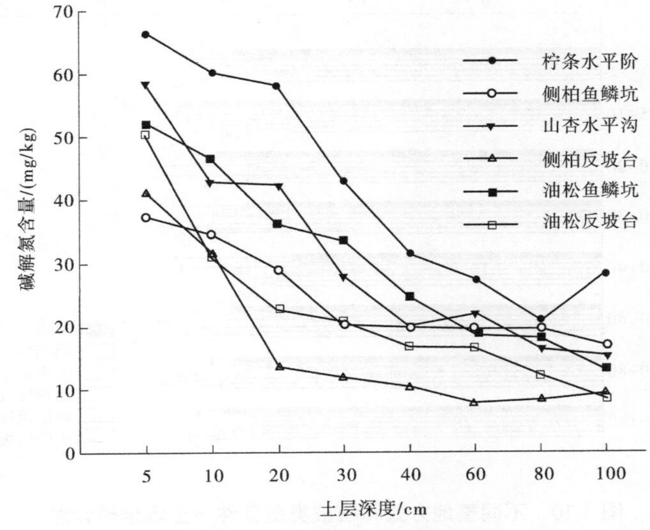

图 3-9　不同整地方式和植被类型条件下的碱解氮含量 0~100 cm 垂直分布

从图 3-8 和图 3-9 中可以看出,碱解氮含量随土层深度的增加而逐渐减少,下降趋势明显。柠条和山杏植被覆盖情况下的碱解氮含量相对较高,而油松植被覆盖情况下的碱解氮次之,侧柏覆盖情况下的碱解氮含量较低;比较不同的整地方式,水平阶、水平沟的碱解氮含量最高,而且深层土壤的碱解氮含量相比其他小区优势更明显,而反坡台的碱解氮含量较低。相比全氮含量,比较植被配置和整地方式,可以看出整地方式的影响明显占主导作用。

三、土壤磷

(一)土壤全磷含量

研究区不同整地方式和植被类型条件下,土壤全磷含量及其垂直分布分别如图 3-10、图 3-11 所示,可以看出全磷含量在各土层中变化明显。

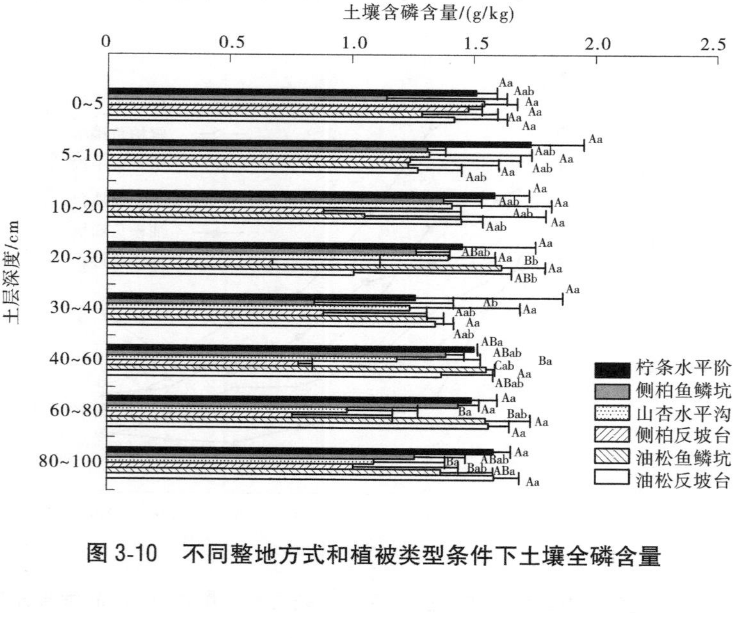

图 3-10 不同整地方式和植被类型条件下土壤全磷含量

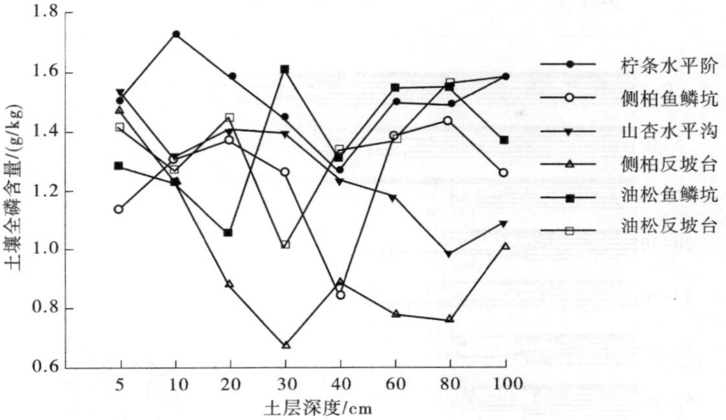

图 3-11　不同整地方式和植被类型条件下的全磷含量 0~100 cm 垂直分布

不同整地方式和植被类型条件下,土壤全磷含量在土层中变化较大(见图 3-11),呈现出波动性。在全磷含量的变化上随土层变化的规律并不明显,全磷含量都在 0.6~1.8 g/kg,可能原因是磷元素在土壤中的移动性较弱,不易随着雨水淋溶或者土壤水分下渗,从而使土壤中全磷含量在各土层中变化不大。而侧柏植被覆盖下的整地方式相对油松和柠条的全磷含量较低,其中侧柏反坡台 30 cm 土层的全磷含量为最小值,只有 0.67 g/kg;而各处理全磷含量波动较大,柠条水平阶全磷含量较其他处理相对较高。这一结果说明侧柏对全磷的消耗量比较大,而柠条对全磷的消耗量较小。

(二)土壤有效磷含量

研究区不同整地方式和植被类型条件下,土壤有效磷含量变化和垂直分布分别如图 3-12 和图 3-13 所示。

如图 3-12 所示,不同整地方式下有效磷的变化趋势与碱解氮基本相同,主要趋势是随土层深度的增加,有效磷含量逐渐减少,而柠条水平阶的有效磷含量高于其他处理的有效磷含量,可能原因是柠条对土壤有效磷的保持作用比较好,而在 20 cm 和 100 cm 土层的有效磷含量

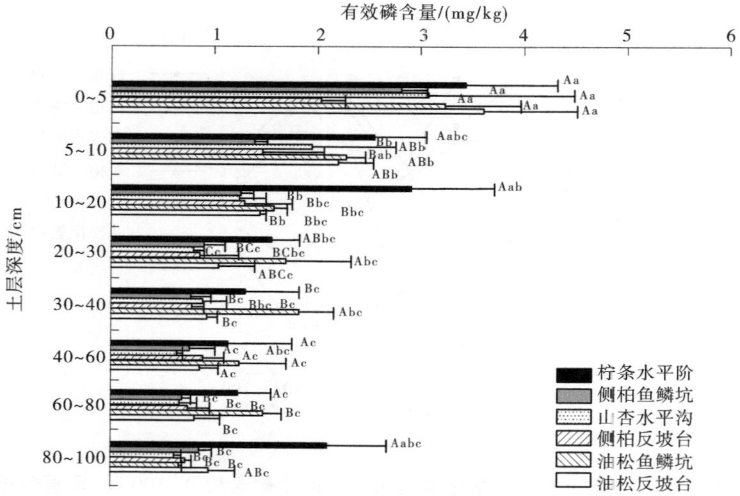

图 3-12 不同整地方式和植被类型条件下的土壤有效磷含量

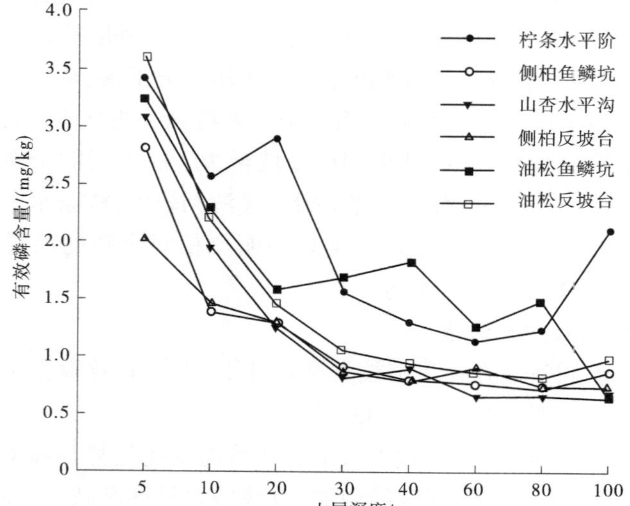

图 3-13 不同整地方式和植被类型条件下的有效磷含量 0~100 cm 垂直分布

较高可能与柠条的根系分布有关，柠条根系主要集中在 0～100 cm 土层，从数据上看，20 cm 和 100 cm 土层的根系吸收效率低于其他位置根系吸收的效率。

从实验测定数据来看，在同种植被覆盖下，有效磷含量由高到低顺序依次是水平阶>水平沟>鱼鳞坑>反坡台处理，除柠条植被下的含量在 20 cm 和 100 cm 土层处的波动外，其余处理表聚性明显，随土层深度的增加有效磷含量下降明显（见图 3-13）。

四、土壤钾

（一）土壤全钾含量

不同整地方式和植被类型条件下，土壤全钾含量及其垂直分布分别如图 3-14 和图 3-15 所示，可以看出全钾含量的垂直分布具有明显的表聚性。

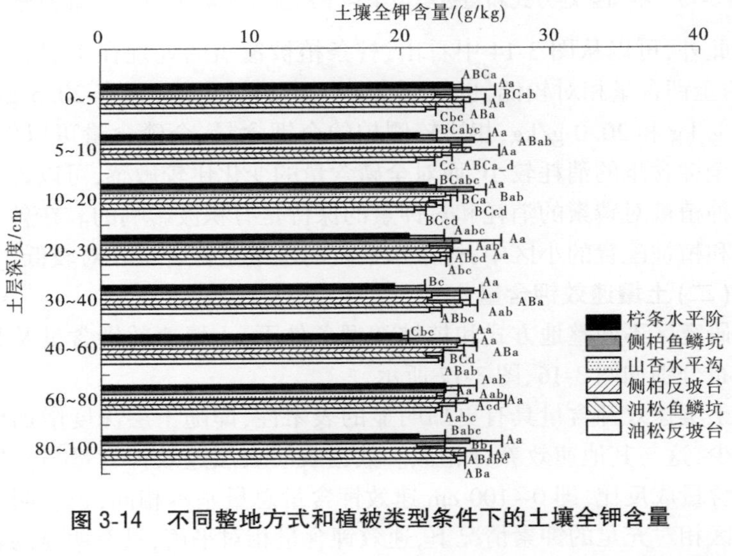

图 3-14　不同整地方式和植被类型条件下的土壤全钾含量

全钾含量各处理随土层深度变化程度不大，各土层含量均在 20～25 g/kg，且含量相对较高，说明黄土高原该小流域区域钾素含量较为丰富（见图 3-14）。

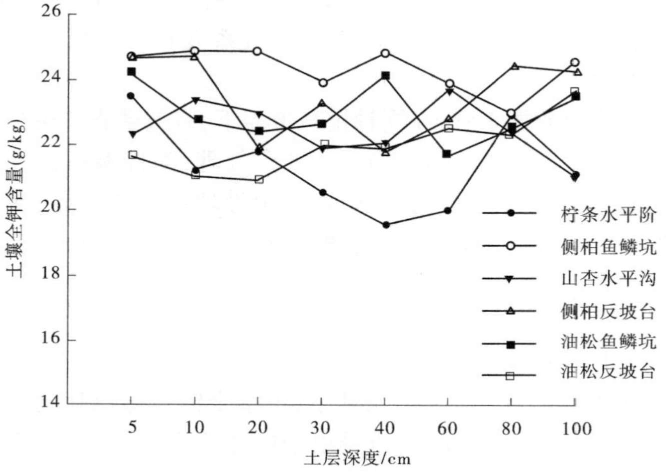

图 3-15 不同整地方式和植被类型条件下的全钾含量 0~100 cm 垂直分布

此外,可以从图 3-14 中看出,柠条植被覆盖的处理在土层 30~60 cm 的全钾含量相对较低,也是所有处理中的极小值,只有 20. 5 g/kg、19. 5 g/kg 和 20. 0 g/kg,相比较侧柏的全钾含量、全磷含量可以发现,其对全钾含量的消耗较小,而对全磷含量的变化比较敏感,可以说明侧柏这种植被对磷素的消耗和对钾素的保持是有积极影响的。在各整地方式和植被配置的小区中,柠条水平阶的土壤全钾含量相对较低。

(二)土壤速效钾含量

研究区不同整地方式和植被类型条件下,土壤速效钾含量及其垂直分布分别如图 3-16、图 3-17 所示。

土壤速效钾含量具有更加明显的表聚性,即随土层深度增加而逐渐减少,这与其他速效养分相似。数据表明表层速效钾含量与深层速效钾含量成反比,即 0~100 cm 速效钾含量总量基本相同,也说明了在该地区相对充足的钾素情况下,速效钾含量相对平衡,具有明显的表聚性,各处理之间没有明显差异(见图 3-16)。

不同整地方式土壤碱解氮、有效磷和有效钾平均含量依次为 lbNT>ldSX>fspYS>fspCB>adtYS>adtCB、lbNT>fspYS>adtYS>ldSX>

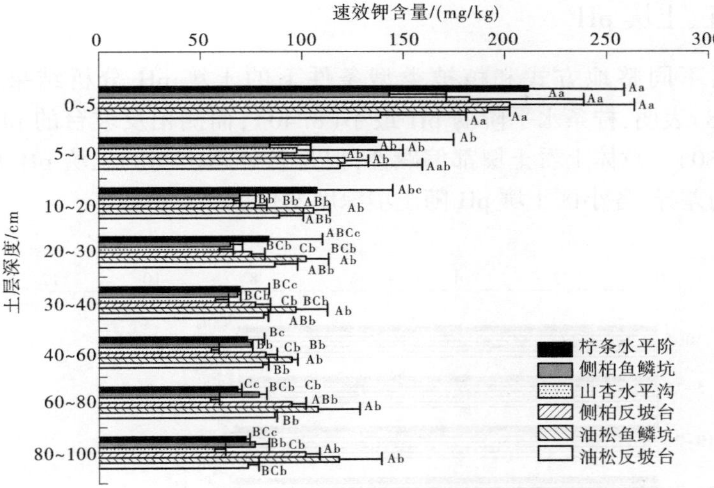

图 3-16　不同整地方式和植被类型条件下土壤速效钾含量

图 3-17　不同整地方式和植被类型条件下的速效钾含量 0~100 cm 垂直分布

fspCB>adtCB 及 fspYS>lbNT>adtCB>adtYS>fspCB>ldSX。

五、土壤 pH

对不同整地方式和植被类型条件下的土壤 pH 分析结果(见图 3-18)表明,柠条水平阶的 pH 最小(8.40),而侧柏反坡台的 pH 最高(8.80)。总体上看土壤都偏碱性,但是各处理之间的土壤 pH 并无明显的差异,各小区土壤 pH 随土壤深度变化也并不明显。

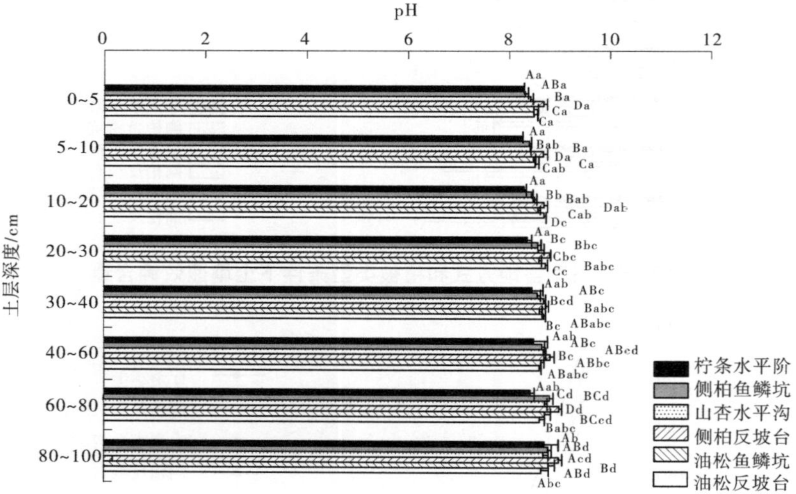

图 3-18　不同整地方式和植被类型条件下的土壤 pH

六、整地与对照的土壤性质比较

基于柠条水平阶、山杏水平沟、侧柏鱼鳞坑、油松鱼鳞坑、侧柏反坡台和油松反坡台及其对照的养分数据,对比分析整地方式对养分提高的贡献。

4 种整地方式整地的全量养分含量对比如图 3-19 所示。

4 种典型整地方式在整地与对照的全量养分含量的对比,整地相比对照有机质含量增长由大到小分别是鱼鳞坑(1.89 g/kg)>反坡台

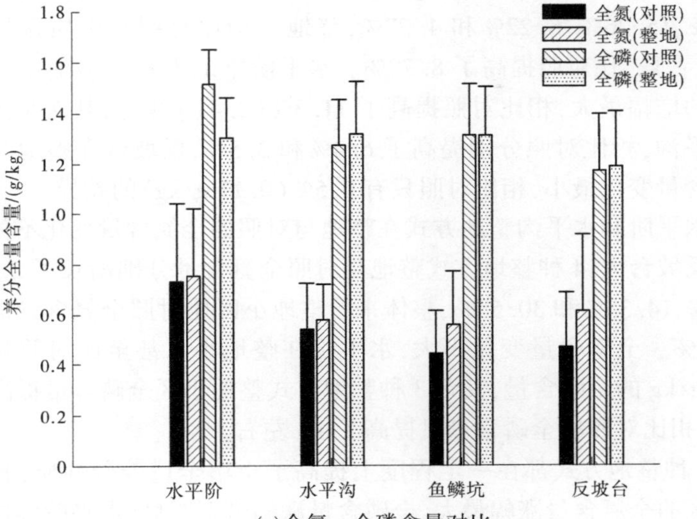

(a)全氮、全磷含量对比

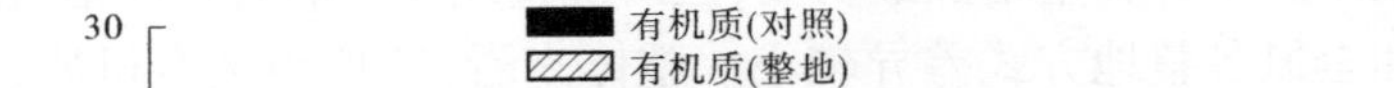

(b)有机质、全钾含量对比

图 3-19　4 种整地方式整地与对照的全量养分含量对比

(1. 24 g/kg) > 水平沟(0. 76 g/kg) > 水平阶(0. 64 g/kg),分别提高了9. 39%、15. 26%、6. 22%和 4. 27%,整地平均比对照有机质含量提高1. 134 g/kg,比对照提高了 8. 78%。水平阶整地方式在整地小区全钾含量的增幅最大,相比对照提高了 11. 3%(2. 41 g/kg),其次是鱼鳞坑和水平沟,相比对照分别提高了 6. 4%和 3. 5%,反坡台在整地与对照全钾含量变化最小,相比对照只有 0. 5%(0. 11 g/kg)的差异。

水平阶和水平沟整地方式在整地与对照的全氮含量变化不如鱼鳞坑和反坡台大,4 种整地方式整地与对照全氮含量分别增长了 2. 89%、7. 07%、14. 35%和 30. 58%,整体来看整地小区比对照全氮含量提高了16. 69%。全磷含量变化不大,水平阶在整地小区甚至比对照减少了0. 21 g/kg 的全磷含量,其余 3 种整地方式整地小区全磷含量提高也不明显,相比对照的全磷含量只提高了 1%左右。

4 种整地方式都在一定程度上提高了土壤全量养分性质,其中整地小区的全氮含量涨幅最大,全磷含量涨幅最不明显,水平阶整地方式在整地小区全钾含量增加最明显,鱼鳞坑整地小区的有机质增量最大,全磷和全氮各整地方式差异较小。整体来看,整地小区有机质、全氮、全磷、全钾含量相比对照分别提高了 8. 78%、16. 69%、2. 21%和5. 42%,整地小区全量养分含量平均提高了 8. 275%。

4 种典型整地方式整地与对照的速效养分含量对比如图 3-20 所示。

整地小区相比对照碱解氮含量平均提高了 15. 01%,其中水平沟略低于对照 6%,其余水平阶、鱼鳞坑和反坡台相比对照分别提高了7. 26 mg/kg、3. 53 mg/kg 和 6. 73 mg/kg ,涨幅分别达到了 28%、14. 75%和 34. 52%,反坡台涨幅最明显。有效磷含量在整地与对照变化最大,整地小区相比对照提高了 32. 69%,其中水平阶和反坡台在整地小区有效磷提高明显,分别提高了 1. 95 mg/kg 和 0. 24 mg/kg,水平沟和鱼鳞坑相比对照有效磷分别提高了 0. 13 mg/kg 和 0. 06 mg/kg,整地小区有效磷相比对照有效磷含量平均提高了 0. 599 mg/kg。整地小区的速效钾含量相比对照提高了 17. 49%,平均比对照含量高 16. 43 mg/kg,其中水平阶和反坡台整地小区涨幅较大,相比对照分别提高了

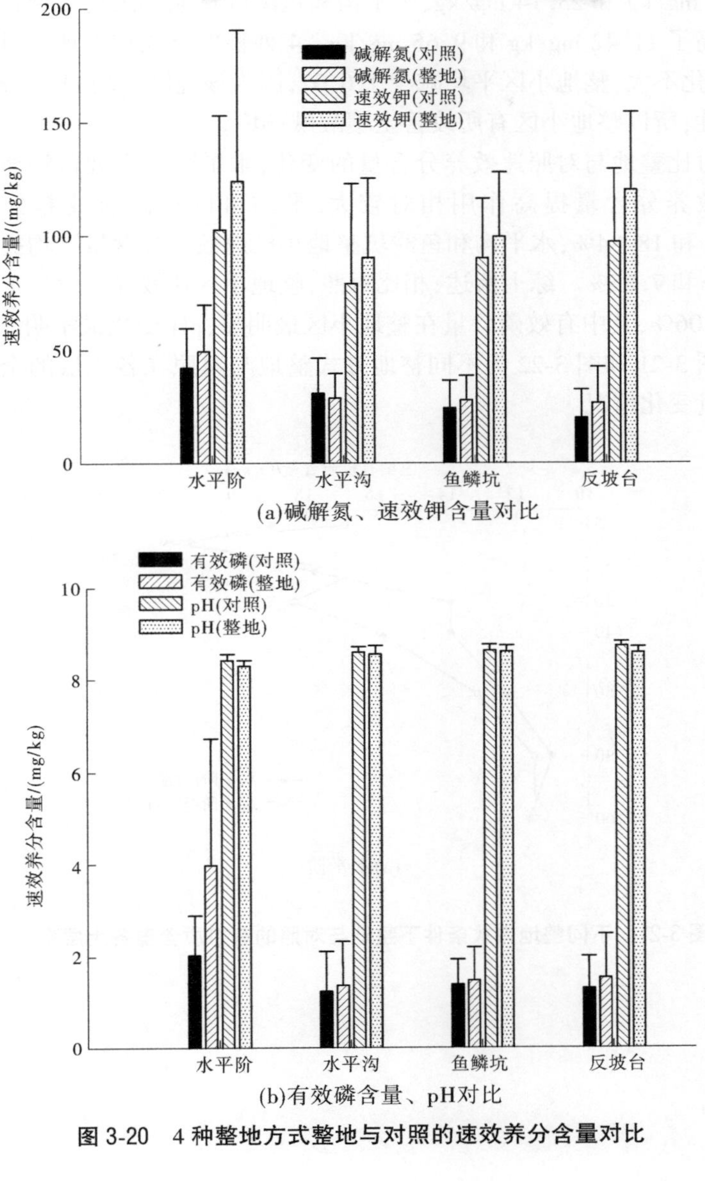

图 3-20　4 种整地方式整地与对照的速效养分含量对比

21.51 mg/kg 和 23.14 mg/kg，水平沟和鱼鳞坑整地小区速效钾含量分别提高了 11.42 mg/kg 和 9.65 mg/kg。4 种整地方式在整地与对照的 pH 变化不大，整地小区平均减少了 0.07，因为该地区平均 pH 为 8.55，偏碱性，所以整地小区有所改善土壤酸碱环境。

对比整地与对照速效养分含量的变化，水平阶和反坡台整地方式对速效养分含量提高作用相对较大，平均可以提高速效养分含量 33.2%和 18.84%，水平沟和鱼鳞坑整地小区速效养分含量平均提高了 4.43%和 7.85%。综上所述，相比对照，整地小区速效养分含量平均提高 16.06%，其中有效磷含量在整地小区最明显，pH 变化最不明显。

图 3-21 和图 3-22 为不同整地方式整地与对照在各土层的全量养分含量变化情况。

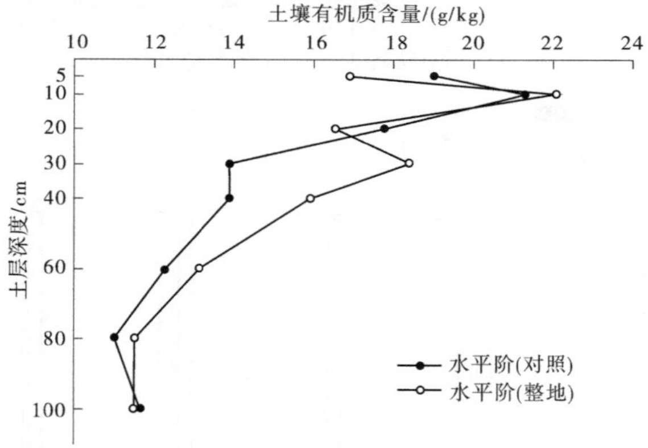

(a)水平阶

图 3-21　不同整地方式条件下整地与对照的有机质含量各土层变化

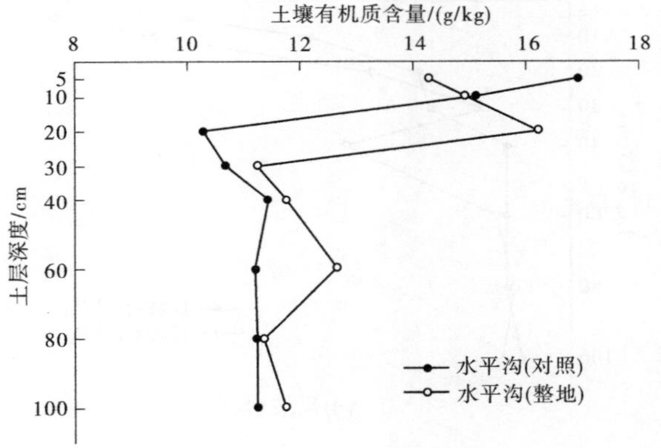

(b)水平沟

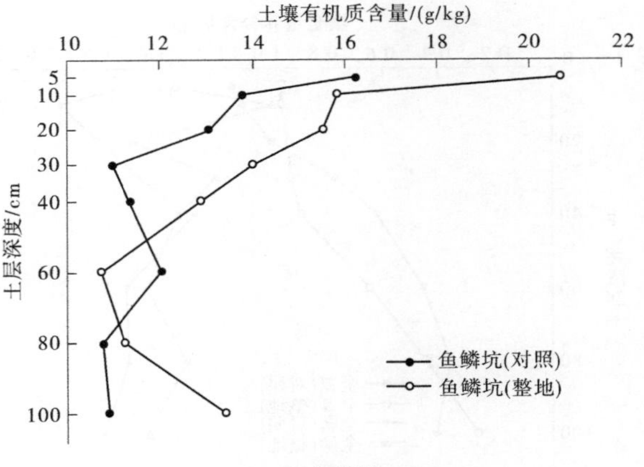

(c)鱼鳞坑

续图 3-21

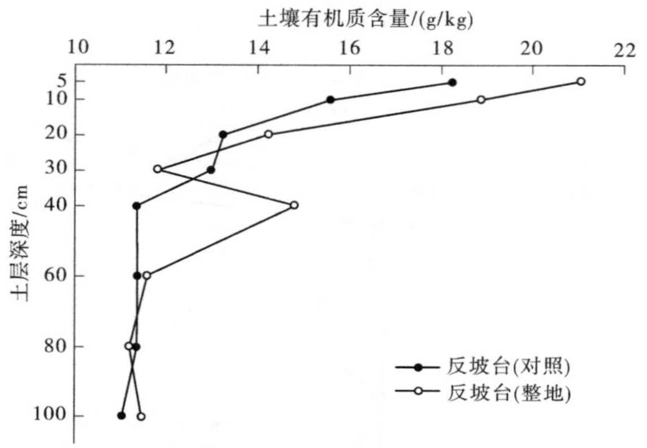

(d)反坡台

续图 3-21

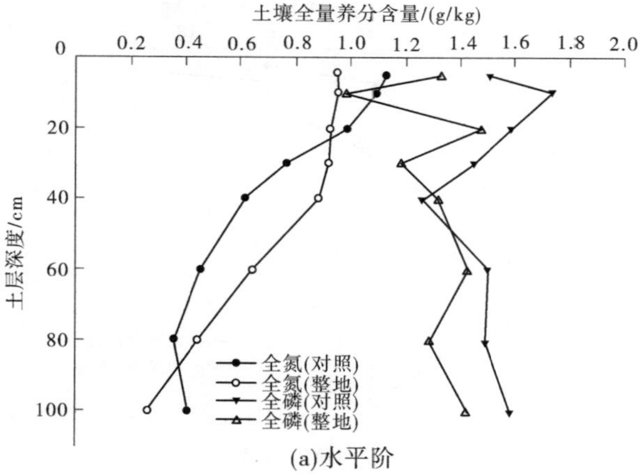

(a)水平阶

图 3-22　不同整地方式条件下整地与对照土壤全氮、全磷含量各土层变化

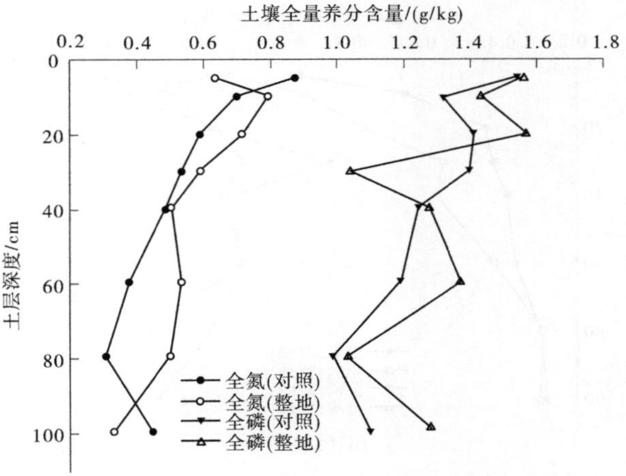

(b)水平沟

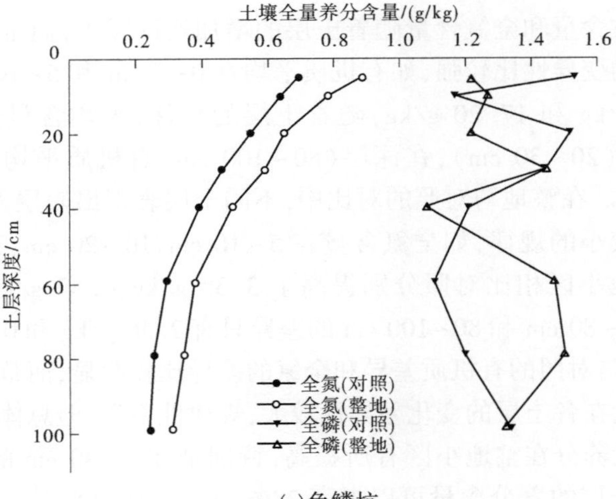

(c)鱼鳞坑

续图 3-22

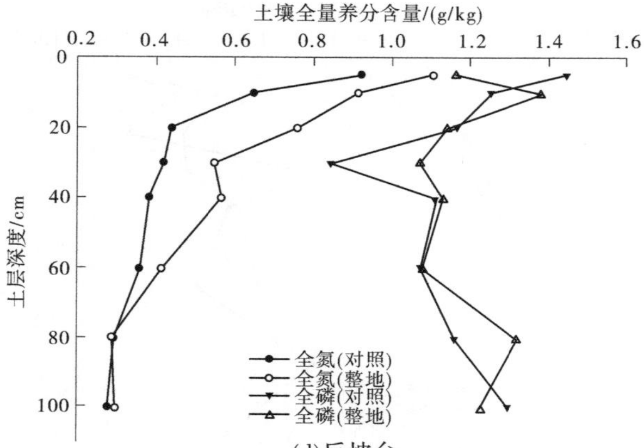

(d)反坡台

续图 3-22

有机质含量和全氮含量随着土层的增加逐渐减少，而全磷含量随土层变化的变异性比较强，如有机质平均在 0~5 cm 和 5~10 cm 分别是 17.93 g/kg 和 17.20 g/kg，随着土层的加深，平均含量逐渐变为 13.01 g/kg(20~30 cm)，在深层(80~100 cm)有机质平均含量只有 11.62 g/kg。在整地与对照的对比中，不同土层表现出表层差异较大、深层差异较小的规律，如全氮含量在 5~10 cm、10~20 cm、20~30 cm 的表层整地小区相比对照分别提高了 3.38 g/kg、4.57 g/kg 和 6.98 g/kg，而 60~80 cm 和 80~100 cm 的差异只有 2.36 g/kg 和 0.47 g/kg。此外，整地与对照的有机质差异和全氮的差异比较明显，而整地与对照的全磷含量在各土层的变化差异性较大，规律性不强，但总体来讲整地小区的全量养分在整地小区有所提高，特别是在 5~40 cm 的土层，相比对照该土层的养分含量可以提高 28%~81%，其中水平阶和反坡台整地小区的提高作用较明显。

第四节　整地和植被恢复下土壤理化性质特性

一、整地和植被恢复对土壤水力学性质的影响

为了防治水土流失，在黄土高原生态脆弱区，以保护水土资源为目的的整地方式和植被恢复是最主要的人工恢复方式，它们对土壤水分的作用主要是由水分收集（降雨时）和水分保持（干旱时）两个过程决定的。在降雨过程中，整地和植被覆盖改变了土壤下垫面，阻断和拦蓄地表径流路径，即缩短径流线路同时减弱了径流；而另一方面，翻动土壤对土壤导水性的提升有积极作用，也加强了水分入渗能力。此外，土壤水分在干旱时的主要散失途径是土壤蒸发，而整地使土壤蒸发面积减少，长期来讲这对土壤水分保持有积极作用，同时整地小区由于对土壤环境的改善，也进一步提升了土壤的保水功能。

本研究发现，整地小区土壤质量明显提高，土质和土壤物理性质是影响土壤水力学性质的主要因素。土壤质地和土壤结构主要影响着水力学性质，如土壤水分特征曲线、土壤持水能力、比水容量等。因为研究区土壤的孔隙度大且土壤颗粒较粗，所以土壤毛管力较弱，在较小水吸力时，土壤大孔隙中的水分较易被排出；而小孔隙中的水分在较大水吸力下才被排出，这也是研究区土壤持水量较低的内在原因。本研究对比整地与对照的土壤机械组成存在差异，原本该研究区土壤较细的黏粒含量低，主要以砂粒、粉粒为主，由于整地改善了土壤环境，使在低水吸力条件下易有效水比较容易供给，而在高水吸力条件下，土壤本身的结构特点决定了其供水的困难性，导致供水差异逐渐变小。此外，在人工整地之后，植被的生长情况也会进一步影响土壤的持水能力。

黄土高原地区土壤发育缓慢，土壤结构和颗粒组成较差，从而导致土壤的持水、保水能力不佳，供水能力也较差。通过植被恢复和整地措施，土壤性质得到改善。植被恢复可以优化土壤环境、改善土壤质量，使得整地小区相比自然坡面对照，土壤持水能力和土壤供水能力都有所提高。在研究区龙滩流域，在长时间坚持梯田建设和植被恢复的影

响下，该地区的土壤质量得到改善，粉粒含量逐步提高，从而改善土壤水分特性和理化性质。

二、整地和植被恢复下土壤养分变化规律

通过对黄土高原小流域的土壤样品调查，可以得出养分分布总体趋势：养分含量存在活跃层（0～20 cm）、渐变层（20～60 cm）、稳定层（60 cm 以下），柠条植被根系吸收养分的土层层次化明显。在对比不同植被类型和整地方式对养分的影响时，可以看出不同植被类型下的全量养分含量差异更明显，而不同整地方式条件下的速效养分差异占主导，不同配置下养分含量的比较中：油松>柠条>山杏>侧柏；水平阶>水平沟>鱼鳞坑>反坡台，相同条件下选择柠条、油松对养分的保持有积极作用，实验数据证明水平沟、水平阶相比鱼鳞坑、反坡台有更好的养分保持作用。

根据植被的养分利用特点，侧柏对磷素的消耗和对钾素的保持有积极作用，而柠条正好相反。在该地区范围内植被种植和土地保护可以根据这点因地制宜进行推广。并且在研究区的养分数据条件下可以看出，在养分充足情况下，全量养分差异不大，速效养分表聚性明显，整地方式对该养分的影响不大，如钾素。

同时发现，有机质含量存在活跃层（0～20 cm）、渐变层（20～60 cm）、稳定层（60 cm 以下），柠条植被根系吸收的土层层次化明显。

第五节　本章小结

本研究发现，在植被覆盖条件相同时，整地方式对土壤水力学性质有积极的改善作用。根据对比研究区土壤持水能力、供水能力，比较田间持水量、有效水含量和比水容量等水力学常数，整地小区土壤的水力学性质有明显的改善，相比对照，鱼鳞坑和反坡台饱和含水量分别提高了 7.52%和 4.24%，有效水含量分别提高了 4.74%和 11.40%。

对比不同深度的土壤水分分布和水力学常数，整地使表层水力学性质显著高于底层。与对照相比，鱼鳞坑和反坡台表层土壤（0～20

cm)有效水分含量提高了38.75%和23.84%,而深层(60~80 cm)有效水分与自然坡面对照的差异只有3.34%和3.85%,说明整地对土壤表层的水分特性提高效益优于底层土。

在黄土高原的生态环境治理和植被恢复过程中,每年都会有大量植被的枯枝落叶落在地表,随着土壤生物的分解和雨水淋洗,转化为土壤养分进入土壤,如有机物质通过土壤微生物的分解变化为腐殖质,使土壤有机质增加;又如植物对大气中的氮元素的固定作用,氮元素通过落叶或其他死亡组织掉落地面,最终增加了土壤氮素含量等,在这些过程中,不同整地方式和不同植被覆盖对土壤的养分循环、养分积累都有一定的影响,如乔木的枯枝落叶层比较厚,但也存在着其凋落物木质素含量较高,分解速度较慢的问题,所以配合合理的整地方式,可以发挥其地形优势。

同时,我们应从结果看出,不同植被对土壤养分的响应是有差异的,所以在进行土地修复和植被恢复过程中,应该充分考虑植被的养分利用特点,因地制宜地合理选择恢复植被种类,从土壤养分循环的角度,要从土壤养分的来源和去处、植被影响过程等动态考量,合理应用各种地形地貌进行人工改造,最终通过科学的植被和整地方式配置而有效地进行土壤改良和环境修复工作。

研究还有许多可以改进之处,对于不同植被的生长状况以及不同整地方式的规格等不确定因素可以进行更加确定的量化和对比实验,对不同条件下的土壤养分变化的贡献值进行分析。本实验的初步研究结论为今后在黄土高原小流域地区实施退耕还林等植被恢复项目,调整植被恢复措施、提高土壤肥力及开展相关研究提供了科学参考依据。

第四章　整地和植被恢复的土壤水分动态特征

第一节　引　言

在黄土高原干旱和半干旱地区,整地措施和植被恢复是重要的保护水土资源的方式,植被恢复和人工整地措施作为主要的生态恢复手段,其对土壤水文循环的生态效应成为干旱半干旱地区生态修复所关注的重点。土壤水分是作物需水的直接来源,是植被恢复和生态环境可持续发展的重要因素。土壤水分含量主要受限于降雨,因为降雨是其主要和唯一的补充来源,在研究中发现水分含量随降雨量的变化而相应变化。

整地和梯田最早开始出现时,就是为了节约用水、减少洪灾、扩大农田种植面积和恢复已退化的生态系统。在实践过程中,通过整地改变微地形的措施,使地面变得平整,持水量增大,让比较均匀的低水平日降水量可以全部入渗,避免了径流的产生,起到了蓄水减沙的作用,达到保水、减沙、改善土壤性状的目的。另外,与平坦的表面相比,整地措施通过其梯田等地形的改变,可以减少土壤颗粒物流出,保持土壤水分和有机质含量,增加入渗。同时整地还会减少坡地的安全隐患等问题,因为整地会减小雨水对山体表面的冲刷,有效控制水土流失及其引起的滑坡。这些所有证据表明,适当的整地是一种有效的提高土壤水分的方法,提高土壤水分的补给可以帮助在干旱条件下的生态系统得到恢复。

植被对土壤水分的影响在降雨和干燥情况下有所不同。在降雨过程中，植被通过地上部分冠层分布对降雨进行再分配为穿透雨、树干截流、树干茎流，同时地下的根系系统也影响水分的入渗过程；在非降雨情况下，植被主要通过地上冠层的郁闭度阻挡太阳辐射，从而减少土壤蒸发，另外，根系吸水和植被蒸腾也会影响土壤水分含量。植被生长过程的生理活动很大程度上依赖于水分，其对水分的吸收和保持作用非常明显。在根系和叶片的生理活动时，会将水分吸收保持在植物体内，从而减少了水分的流失，根系的吸水能力和叶片的蒸腾作用都是对土壤水分的有效利用。植被覆盖下的土地裸露程度低，降雨条件下冠层会截留降雨，穿透雨落在地面上会有植被的枝叶和枯枝落叶层的保护，减少对土壤的冲刷，同时枯枝落叶会形成腐殖化的保水层，增加土壤水分持水量，减缓汇水过程，使地表径流总量减少，加大了地表水下渗，增加了地下径流，从而更好地保护水分，防止水分流失。

第二节　人工整地和植被条件下土壤水分的时间分布规律

一、气候变化规律

龙滩流域多年生长季日降雨量分布如图 4-1 所示，2014—2016 年的总降雨量分别为 501. 6 mm、323. 2 mm 和 156. 8 mm。根据多年平均降雨量，2014 年和 2016 年分别可以代表丰水年和平水年的降雨情况。其中，两年内 5—10 月的平均月降雨量分别为 53. 1 mm、50 mm、81. 1 mm、61. 2 mm、55. 7 mm、26. 1 mm，由此可见生长季中期(7—9 月)的降雨量分布最高，占生长季总降雨量的 61%；其次是生长季的初期(5 月、6 月)，占生长季总降雨量的 31%；而生长季的末期(10 月)降雨量最少，仅占总降雨量的 8%。

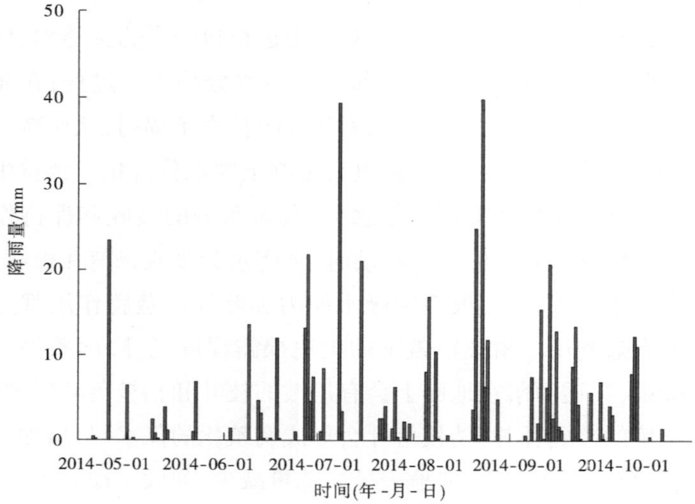

(a)2014年降雨分布

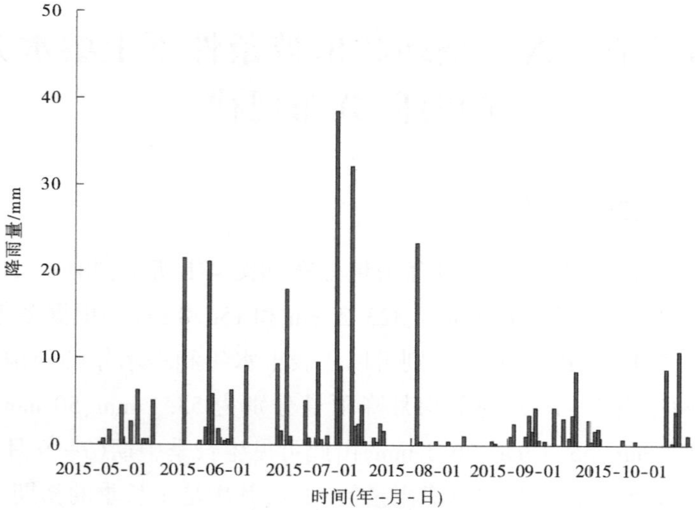

(b)2015年降雨分布

图 4-1　龙滩流域多年生长季日降雨量分布

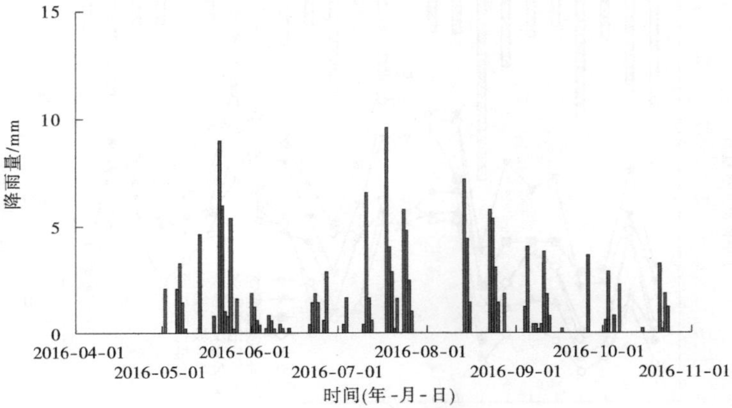

(c)2016年降雨分布

续图 4-1

二、土壤水分含量与降雨量的关系

各小区土壤水分含量变化与降雨量之间的关系如图 4-2 所示，土壤水分变化特征总体呈"W"形，即每年奇数月的水分含量较高。5 月生长季开始时水分含量较高，6—8 月的水分含量由 6 月的较低值，呈现先增高再降低的趋势，到 9 月水分含量升高到极值，9—10 月的水分含量有减少的趋势。值得注意的是，虽然降水对土壤水分含量有直接的影响，但并不是高降雨量的月份一定对应较高土壤含水量的月份，如 2014 年的 7—8 月，随降雨量的增加，土壤水分含量有所减少；2015 年的 6—8 月，降雨量升高的情况下土壤水分含量变化不大(不明显)。

在本研究区的半干旱系统中，降雨量的大小明显影响着土壤水分含量，因为每次降雨事件对土壤水分都有补充作用，其中短时间多次降雨还对土壤水分有累加作用。所以土壤水分强烈依赖于降雨并且两者含量关系密切。综合整个生长季，不同整地方式和植被类型下的小区土壤水分含量与降雨量的关系是：5—6 月的土壤水分含量较低，9—10 月的土壤水分含量较高。7—9 月是降雨的集中期，8 月降雨较少，同时太阳辐射量较高，蒸散发强烈，从而使其含水量低于生长季末期。同时

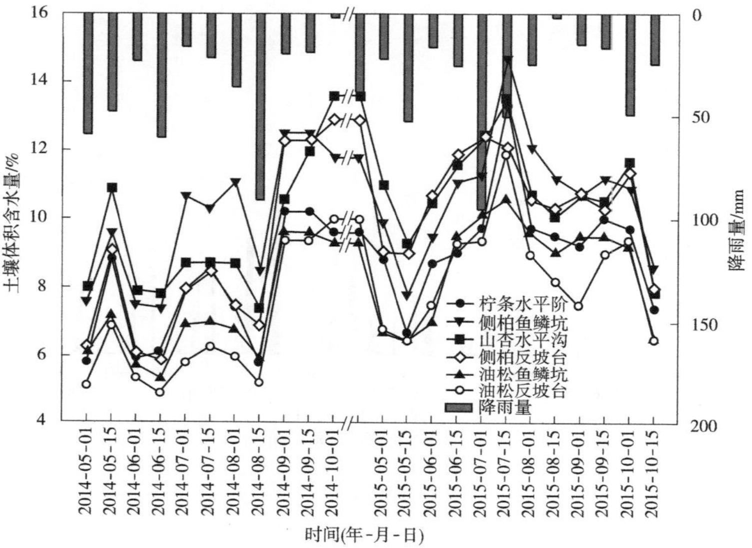

图 4-2　各小区土壤水分含量变化与降雨量之间的关系

可以发现,对于降水量的响应,不同小区主要是浅层对降水时间的响应较强。在生长季末期,降雨多以少量多次的形式降下,所以在这种情况下有利于土壤水分充分入渗,整地方式的优势也能有效地表现出来。

土壤水分是作物需水的直接来源,是植被恢复和生态环境可持续发展的重要因素。在黄土高原的干旱和半干旱地区,土壤水分含量主要受限于降雨,因为降雨是其主要和唯一的补充,在研究中发现水分含量随降雨量的变化而相应变化。同时,土壤水分变化趋势与降雨量的响应存在滞后性(见图 4-3),当月水分含量与下月水分含量之间的变化(ΔSM)和上月水分含量与当月水分含量之间的变化(ΔSML)与当月降雨的相关性表明,ΔSM 与降雨的相关性($R^2=0.668$)远高于 ΔSML 与降雨的相关性($R^2=0.005$),说明当月降雨后下个月的水分变化与降雨的相关密切程度远高于当月的水分变化。所以,降雨与水分变化之间存在滞后性,这个研究结果证明了土壤水分补充与土壤补获降水之间存在着滞后时间和过程。

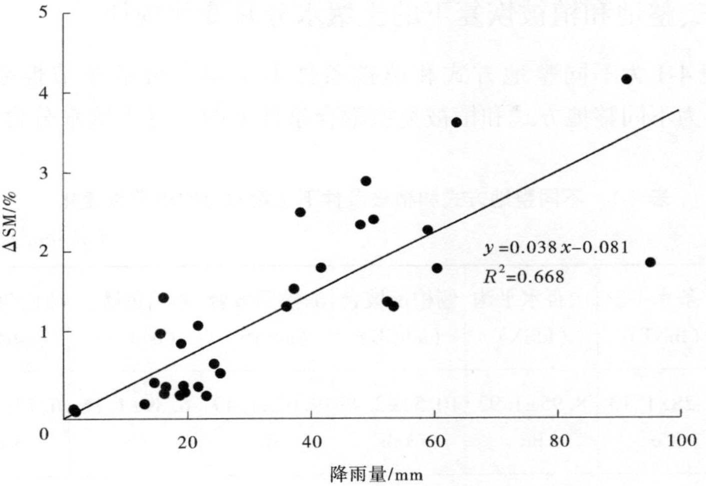

(a)

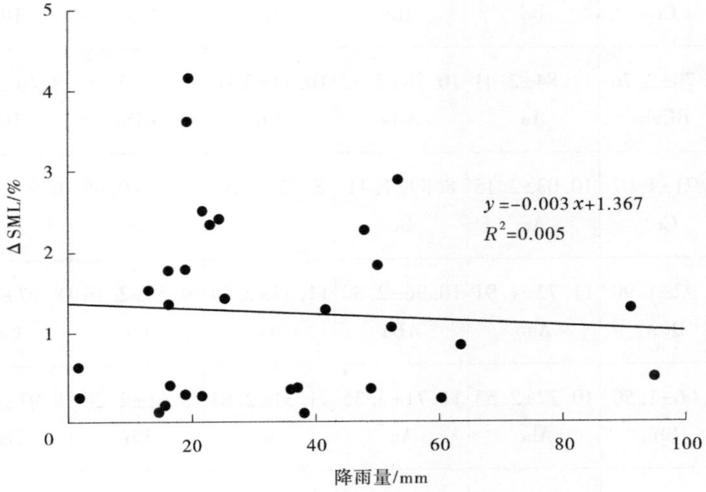

(b)

注：1. ΔSM 是当月水分含量与下月水分含量之间的变化；

2. ΔSML 是上月水分含量与当月水分含量之间的变化。

图 4-3　降雨量与水分变化之间的关系比较(ΔSM,ΔSML)

三、整地和植被恢复下的土壤水分月变化规律

表 4-1 为不同整地方式和植被条件下土壤水分的季节性变化，图 4-4 为不同整地方式和植被类型耦合条件下的各月土壤水分含量变化。

表 4-1 不同整地方式和植被条件下土壤水分的季节性变化

单位：cm^3/cm^3

月份	柠条水平阶（lbNT）	山杏水平沟（ldSX）	侧柏反坡台（adtCB）	油松反坡台（adtYS）	侧柏鱼鳞坑（fspCB）	油松鱼鳞坑（fspYS）
5	7.28±1.10 Cc	8.95±1.92 Bd	10.52±2.49 Aab	9.02±1.49 Bc	6.89±1.16 Cc	6.77±1.20 Cb
6	7.41±1.19 Cc	8.91±1.25 Bd	9.47±1.40 Abc	8.68±1.00 Bc	6.99±0.74 CDc	6.88±0.76 Db
7	9.70±2.76 BCab	11.84±2.41 Aa	10.78±2.72 ABa	10.11±2.07 Bb	8.65±2.16 CDb	8.40±2.35 Da
8	7.71±1.07 Cc	10.03±2.15 Ac	8.89±1.41 Bc	8.65±1.02 Bc	7.58±0.95 Cc	6.93±1.20 Db
9	9.92±1.90 BCa	11.72±1.91 Aab	10.96±2.30 ABa	11.43±2.74 Aa	9.53±2.16 Ca	8.97±2.41 Ca
10	9.06±1.50 Bb	10.77±2.53 Abc	11.71±3.35 Aa	11.31±2.83 Aa	8.61±2.26 Bb	8.97±2.82 Ba
5—10	8.51	10.37	10.39	9.87	8.04	7.82

注：表中不同大写字母表示不同整地方式和自然坡面之间的差异显著（$p<0.05$），不同小写字母表示整地方式和自然坡面在各土层水分含量的差异显著（$p<0.05$），下同。

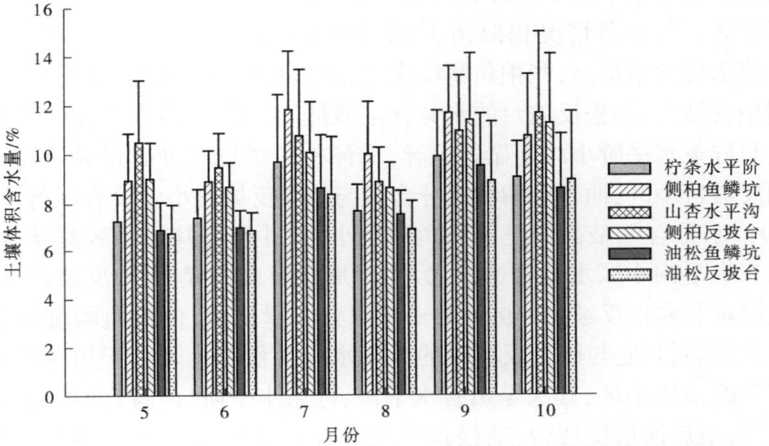

图 4-4　不同整地方式和植被类型耦合条件下的各月土壤水分含量比较

从表 4-1、图 4-4 可以看出，生长季初期（5—6 月）的土壤水分含量比较中，不同植被的水分含量是以山杏最高，侧柏、柠条次之，而油松的水分含量最低，而不同整地方式没有明显差异；生长季中期（7—8 月）的土壤水分含量比较中，不同植被的水分含量是以侧柏最高，山杏、柠条次之，而油松的水分含量同样是最低的，整地方式含水量的比较结果是水平沟>反坡台>鱼鳞坑；生长季末期（9—10 月）的不同植被类型的土壤水分含量比较结果是以侧柏最高，其他植被类型比较是：山杏>柠条>油松，而此时整地方式对比的土壤水分含量结果是水平沟>反坡台>鱼鳞坑。所以，不同整地方式和植被类型的小区土壤水分月份变化规律，反坡台在生长季的末期（降雨量较小的情况）保持水分的能力比较明显，而鱼鳞坑是在生长季的中后期（降雨量比较充足的情况）有比较强的水分优势性；山杏、侧柏在生长季初期耗水量比较大，到生长季中后期的土壤水分含量较高，而油松是耗水量较大的植被物种，但水分变化规律是逐渐提高，土壤水分含量的变化比较稳定。

具体分析不同整地方式和植被类型耦合条件下的各月水分变化。5 月，土壤水分含量以山杏水平沟最高，且与其他小区存在显著差异，侧柏鱼鳞坑、侧柏反坡台小区的水分含量显著高于油松鱼鳞坑、油松反坡台和柠条水平阶小区,同种植被之间生长季开始时的水分含量差异不显著。与5月情况相似,6月的水分对比结果同样是山杏水平沟的土壤水分含量最高,侧柏鱼鳞坑次之,之后是侧柏反坡台、油松鱼鳞坑、侧柏反坡台,油松反坡台的水分含量最低。7月,山杏水平沟的水分含量与柠条水平阶小区无显著差异,而侧柏鱼鳞坑水分含量显著高于侧柏反坡台小区,油松鱼鳞坑水分含量与油松反坡台小区没有显著差异。8月,水分含量最高的是侧柏鱼鳞坑小区,并且与其他小区差异显著,山杏水平沟小区水分含量次之,之后是柠条水平阶、侧柏反坡台、油松鱼鳞坑和油松反坡台。9月的土壤水分含量比较,侧柏鱼鳞坑的水分含量最高,且它与侧柏反坡台的土壤水分含量都显著高于相同整地方式下的油松小区,其次是山杏水平沟、柠条水平阶,两者之间没有显著差异,最后油松反坡台、油松鱼鳞坑水分含量最低。10月的土壤水分含量由高到低分别是:山杏水平沟、侧柏反坡台、侧柏鱼鳞坑、柠条水平阶、油松反坡台、油松鱼鳞坑。综合两年土壤水分平均含量的大小排序:山杏水平沟>侧柏鱼鳞坑>侧柏反坡台>柠条水平阶>油松反坡台>油松鱼鳞坑。

四、不同整地方式和自然坡面的水分时间变化比较

图4-5为龙滩地区整地与自然坡面不同月份土壤水分含量对比。

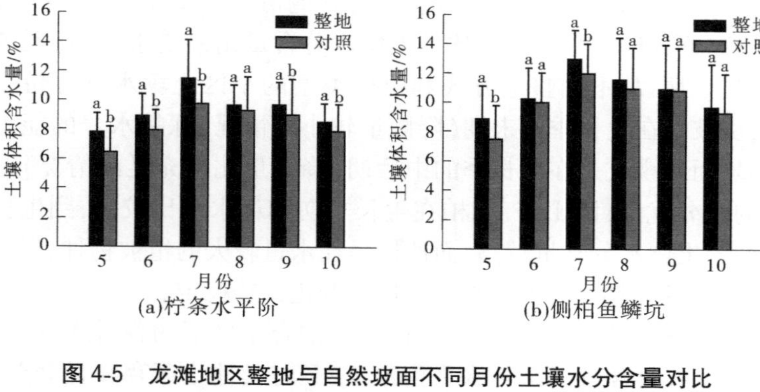

图4-5 龙滩地区整地与自然坡面不同月份土壤水分含量对比

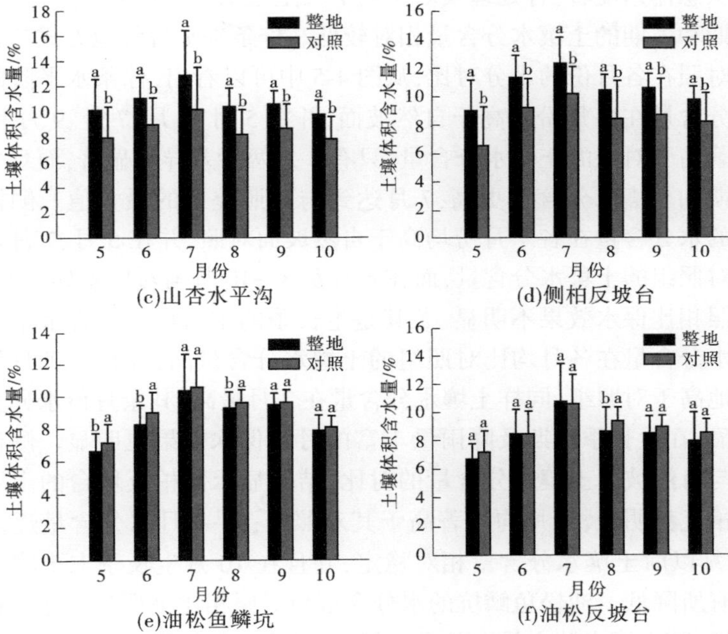

续图 4-5

从植被类型的对比中可以发现，整地加大了油松的耗水量，使油松小区的水分比自然坡面更低，因为整地改善了土壤性质，使油松有更好的生理活性，其根系水分吸收、蒸散作用等生理活动导致土壤水分含量较低，而柠条、侧柏、山杏小区的土壤水分均高于对照组的土壤水分含量。不同样地的鱼鳞坑小区与对照的比较中，侧柏鱼鳞坑在 5—7 月(生长季中前期)的水分含量显著高于对照，8 月以后(生长季中后期)差异变得不显著，而油松鱼鳞坑在 5—6 月的水分含量显著低于对照，7 月以后水分含量与自然坡面对照无显著差异，说明在生长季中后期的水分含量有所提高，鱼鳞坑整地方式在生长季中后期的水分变化比较明显，在土壤水分较少情况下有较好的保水效果。山杏水平沟、侧柏反坡台都是各个月份的土壤水分含量均高于对照组，显示了较好的保水效果。

从总体角度看,各处理及对照均7月土壤水分含量为最大值,生长季初期和末期的土壤水分含量相对较低。柠条水平阶整地方式与自然坡面对照在各月份的水分对比,从图4-5中可以看出,柠条水平阶的土壤水分含量在各月份均高于自然坡面,并在5月、6月、7月、9月和10月显著高于对照的土壤水分含量,只有8月两者差异不显著,而且生长季前期的土壤水分含量更高,7月达到与对照差值的最大值。侧柏鱼鳞坑的水分含量在各个月份均高于自然坡面对照,并在5月、7月显著高于对照组的土壤水分含量,而在6月及8—10月与对照差异不明显,与对照相比保水效果不明显,尤其是生长季的中后期。山杏水平沟的土壤水分含量在各月均比对照组的土壤水分含量高,并且各个月份均显著地高于对照组,同样土壤水分含量在7月最高,其余月份水分变化不明显,在生长季中期及降雨量丰富的月份保水效果更明显。侧柏反坡台与自然坡面土壤水分含量的对比,结果显示侧柏反坡台的土壤水分含量优势明显,各月均显著高于其对照组,5—7月水分含量逐渐上升,8月以后土壤水分含量相对稳定,并且在10月生长季末土壤水分含量有所降低。油松鱼鳞坑的水分含量与对照相比呈现与其他组相反的结果,其土壤水分含量在各月都低于对照组,但结果显示生长季中前期5—6月水分是显著低于对照组的,而9—10月水分则与对照组没有明显差异,说明其土壤水分含量在生长季中后期有所上升,鱼鳞坑对水分的保持作用主要体现在生长季后期。油松反坡台的土壤水分含量除7月外,均小于对照组土壤水分含量,结果显示除8月外,各月份差异均不显著。

第三节 人工整地和植被恢复下土壤水分剖面变化规律

一、不同整地和植被恢复措施下土壤剖面水分比较

不同整地方式和植被类型耦合条件下土壤水分含量的垂直深度变化如图4-6所示。

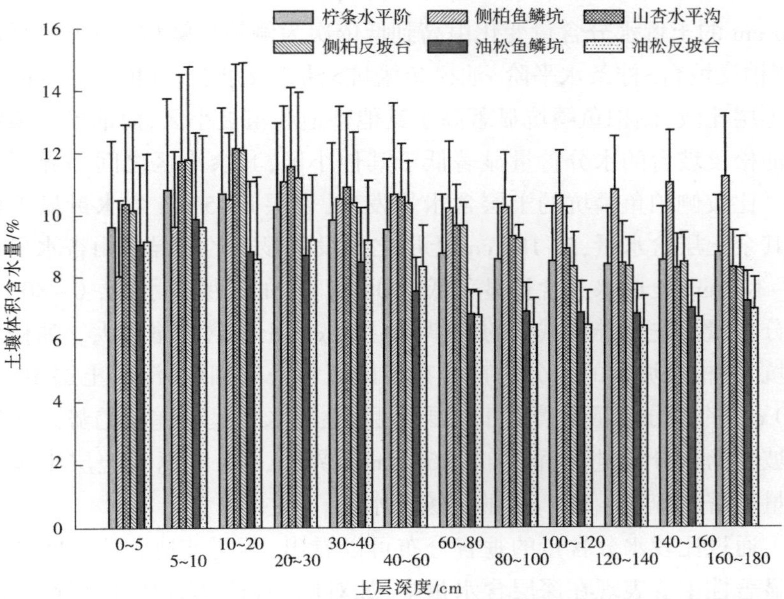

图 4-6　不同整地方式和植被类型耦合条件下土壤水分含量的垂直深度变化

如图 4-6 所示，0~5 cm 水分含量情况，山杏水平沟的土壤水分含量最高，且显著高于侧柏鱼鳞坑小区，其他整地方式和植被耦合条件下的小区表层土壤水分之间没有明显差异（$p>0.05$）。5~10 cm 水分含量情况，山杏水平沟与侧柏反坡台的土壤水分含量较高，且与侧柏鱼鳞坑和油松反坡台的土壤水分含量存在显著差异（$p<0.05$），其他小区土壤水分含量无显著差异。10~20 cm 土层土壤含水量最高的是山杏水平沟小区，其次是侧柏反坡台小区，且显著高于其他整地和植被耦合小区。20~30 cm 土壤水分含量较高的是山杏水平沟、侧柏反坡台和侧柏鱼鳞坑小区，而土壤含水量较低的是柠条水平阶、油松鱼鳞坑和油松反坡台小区。30~40 cm 土层的对比中，山杏水平沟土壤含水量同样是最高的，而柠条水平阶、油松鱼鳞坑和油松反坡台土壤水分含量相对较低。40~60 cm 和 60~80 cm 土层，山杏水平沟的土壤水分含量与侧柏

鱼鳞坑和侧柏反坡台小区无显著差异,但都显著高于其他小区。80~140 cm 的土壤水分含量变化由高到低依次为侧柏鱼鳞坑>山杏水平沟>侧柏反坡台>柠条水平阶>油松鱼鳞坑>油松反坡台。140~180 cm 深层土层比较,侧柏鱼鳞坑显著高于其他整地和植被小区,而油松鱼鳞坑和油松反坡台的水分含量显著低于其他小区,其余小区之间差异不显著。比较侧柏鱼鳞坑的土层含水量发现,表层 0~5 cm 含水量显著低于其余土层含水量,5~180 cm 土层之间没有显著的差异。山杏水平沟 80~180 cm 土壤水分含量显著低于 0~80 cm 的土壤含水量, 0~80 cm 水分含量呈先上升后减少的规律,10~30 cm 土壤含水量最大。油松鱼鳞坑、侧柏反坡台的水分垂直分布与山杏水平沟相似,深层土层 100~180 cm 的水分含量显著低于浅层土层,土壤水分呈现递减趋势。油松反坡台的水分含量垂直分布以 60 cm 为界限,60 cm 以上土层土壤含水量显著高于 60~180 cm 的土壤含水量。

通过比较水分含量的垂直分布可以看出:不同整地方式之间的差异显著性主要表现在深层含水量上,如对侧柏鱼鳞坑和侧柏反坡台不同土层的水分含量对比,直到 80 cm 土层及以下深度才出现显著性差异,油松鱼鳞坑和油松反坡台的土壤水分差异更是到 140 cm 才出现差异达到显著性的情况。另外,从水分分布的垂直差异可以看出,不同植被类型影响土壤水分在浅层土壤就有显著性的差异,如侧柏鱼鳞坑和油松鱼鳞坑在 20 cm 时开始出现含水量的显著性差异,柠条水平阶和山杏水平沟是在 10 cm 土层含水量出现显著性差异,侧柏反坡台和油松反坡台也是在 10 cm 土层即开始出现显著性差异。

二、不同整地措施和自然坡面的土壤水分含量比较

龙滩地区典型整地方式和植被耦合条件与自然坡面不同深度水分对比如图 4-7 所示。

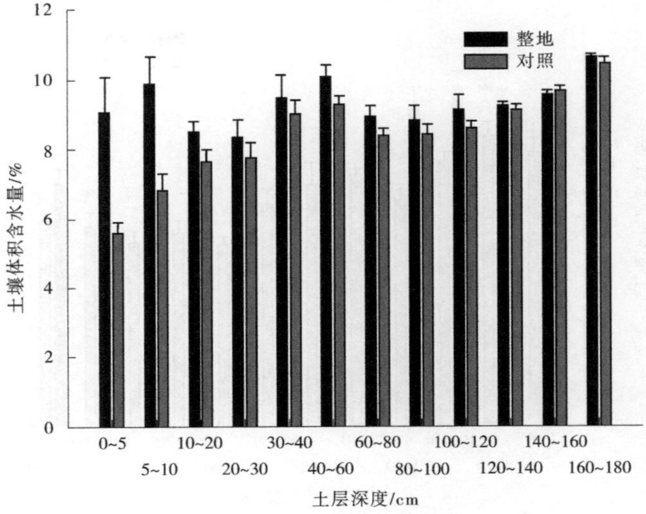

(a)柠条水平阶

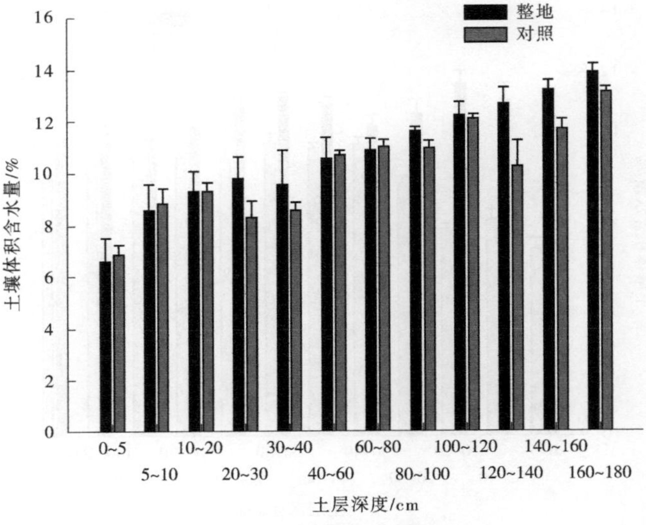

(b)侧柏鱼鳞坑

图 4-7　龙滩地区典型整地方式和植被耦合条件与自然坡面不同深度水分对比

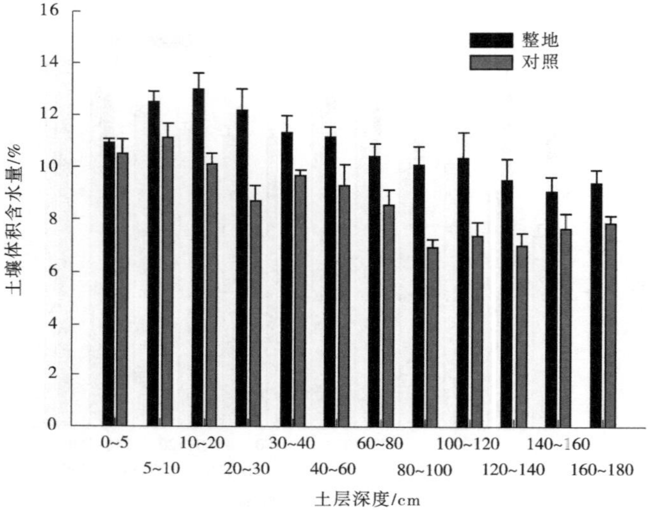

(c)山杏水平沟

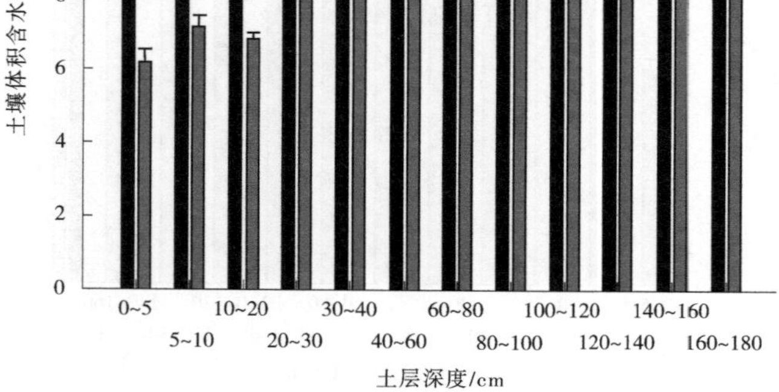

(d)侧柏反坡台

续图 4-7

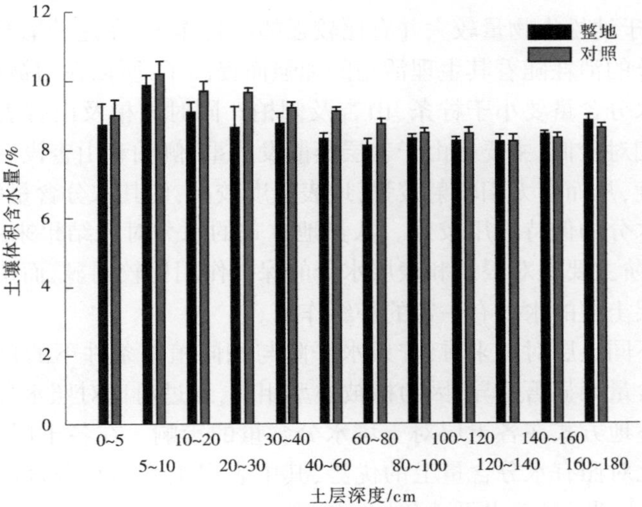

(e)油松鱼鳞坑

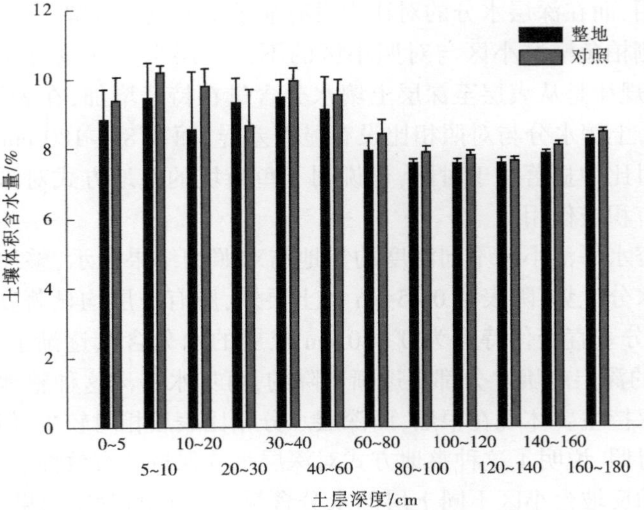

(f)油松反坡台

续图 4-7

从图 4-7 可以看出,整地使柠条、山杏及侧柏的水分消耗程度小于油松,由于油松生物量较大并有比较强的蒸腾作用,在这种情况下整地后对水分的消耗随着其生理活动的加强而提高了,所以在植被对比中,油松的水分含量要小于柠条、山杏及侧柏。同时侧柏及山杏表层水分含量也相对较低,主要是由于表层蒸散发严重,侧柏和山杏没有很大的植被盖度,从而使太阳辐射较强,地表温度较高,使其水分含量较低,而柠条对水分的保持作用较好。从整地方式的水分对比结果来看,反坡台、水平阶主要是对根层和表层水分的保护作用比较明显,而鱼鳞坑主要对深层土壤的水分有一定的补给作用。

从不同土层对比来看,柠条水平阶与相同植被条件下的自然坡面的水分含量无显著差异,因为植被类型相同,通过对比对照水分含量可以看出整地方式在各土层对土壤水分含量的影响。在各土层,柠条水平阶都比对照有水分含量上的优势,其中表层土壤的水分含量优势最为明显,达到了显著水平,同时在 40~80 cm 以及 100~120 cm 也都达到了显著水平。即水平阶这种整地方式对表层及根层的水分有更好的保持作用,而在深层水分的对比中没有显示出明显的优势。

由侧柏鱼鳞坑小区与对照小区的不同土层水分含量对比可以看出,总体规律是从表层至深层土壤水分含量在持续增加,在表层 0~80 cm 土层,土壤水分与对照相比没有显著差异,而在 80~180 cm 土层的含水量对比中显著高于对照,也说明了鱼鳞坑的整地方式对深层水分的保持有积极作用。

山杏水平沟小区不同深度的整地与对照的结果显示,整地有比较明显的水分优势,除表层 0~5 cm 的土层外,所有土层均显著高于对照组,其水分垂直变化特点为 0~20 cm 土层的水分含量逐渐上升,20~180 cm 的深层土壤水分都是逐渐下降的,可见水平沟这种整地方式对水分的保持主要体现在根层,而深层水分相比表层相对较少,但同样显著高于对照,说明了这种整地方式对深层水分保持的有效性。

侧柏反坡台小区不同土层的水分含量与对照的对比结果,水分变化的规律是总体相对平衡,表层和深层水分含量的高低变化不大,除 30~40 cm 外,各土层都显著高于对照组,另外,可以从图 4-7 中直观地看出表层的水分优势更加明显,表层的水分含量与对照组相比在0~30 cm土层中比对照高出了近30%。说明反坡台的保水功效主要集中在表层土壤中,这样对植物生长及水分利用有更积极和便利的作用。

油松鱼鳞坑与自然坡面的不同土层的水分含量对比,可以看出总体上其变化波动不大,而在小于60 cm土层土壤水分含量显著低于对照组,可以看出对于油松这种植被,通过整地对土壤性质及生境的改善,对油松的生长状况和生理活性都有积极的作用,从而加大了其耗水量,如吸收和蒸散发等生理活动。80~180 cm土层的水分含量与对照相比没有显著性差异,由于油松根系发达,根系范围较深,180 cm还属于其根系范围,所以能看出在此情况下鱼鳞坑对深层水分还是有一定的补给作用,再一次体现鱼鳞坑对深层土壤的保水作用。

油松反坡台与自然坡面对照小区的水分含量对比可以看出,整地小区的油松水分含量不如自然坡面,之前说的改善其生境导致了对水分消耗量的增加。显著性对比结果显示,表层0~80 cm的水分含量差异显著,而深层80~180 cm土层的水分含量无明显差异,说明反坡台这种方式不同于鱼鳞坑,是在表层主要体现其保水功能,所以在根层范围内,水分含量较深层含量相比,并不显著低于对照组。

三、不同整地和植被恢复措施下月份剖面土壤水分变化规律

不同整地方式和植被类型条件下各月份的剖面土壤水分变化规律如图4-8所示。

5月,生长季初期的山杏水平沟土壤水分含量显著高于其他小区,其次是侧柏反坡台,在120 cm以下的深层土壤是侧柏鱼鳞坑占主要优势,在根层山杏水平沟和侧柏鱼鳞坑水分含量较高,表明在表层反坡台比鱼鳞坑更有保水优势,鱼鳞坑对深层水分有较好的保持作用。

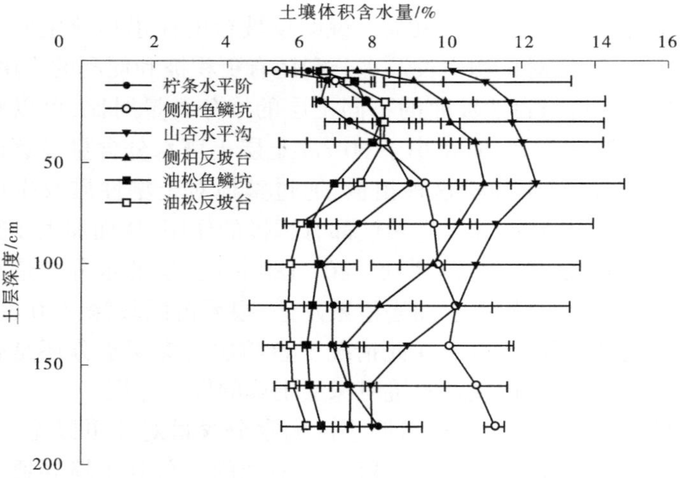

(a)5月

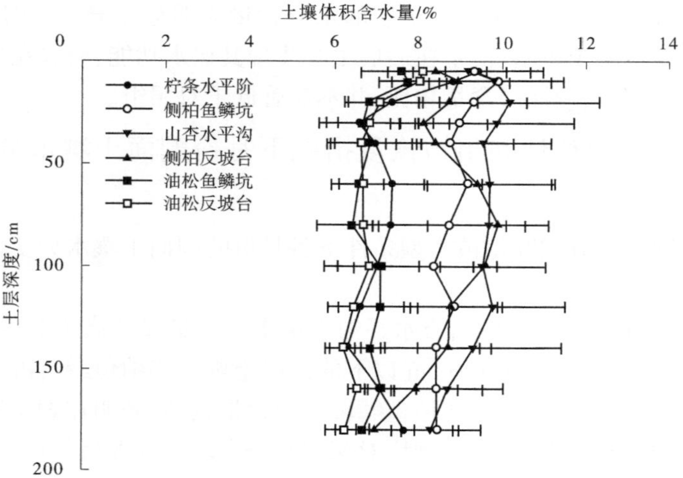

(b)6月

图 4-8　不同整地方式和植被类型条件下各月份的剖面土壤水分变化规律

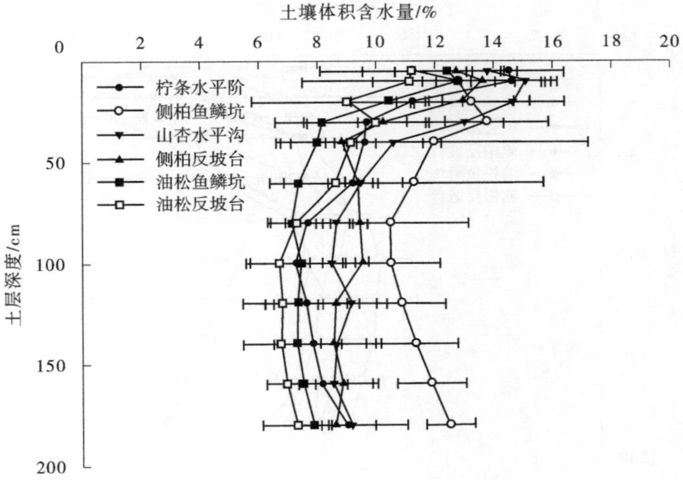
土壤体积含水量/%
0
2
4
6
8
10
12
14
16
18
20
柠条水平阶
侧柏鱼鳞坑
山杏水平沟
侧柏反坡台
油松鱼鳞坑
油松反坡台
土层深度/cm
50
100
150
200

(c)7月

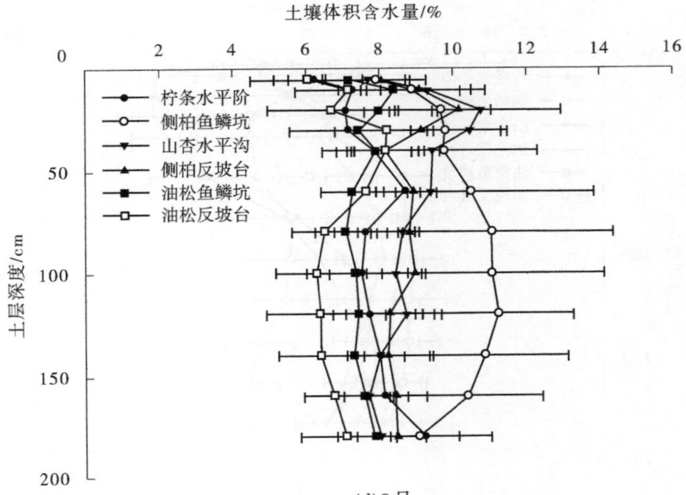
土壤体积含水量/%
0
2
4
6
8
10
12
14
16
柠条水平阶
侧柏鱼鳞坑
山杏水平沟
侧柏反坡台
油松鱼鳞坑
油松反坡台
土层深度/cm
50
100
150
200

(d)8月

续图 4-8

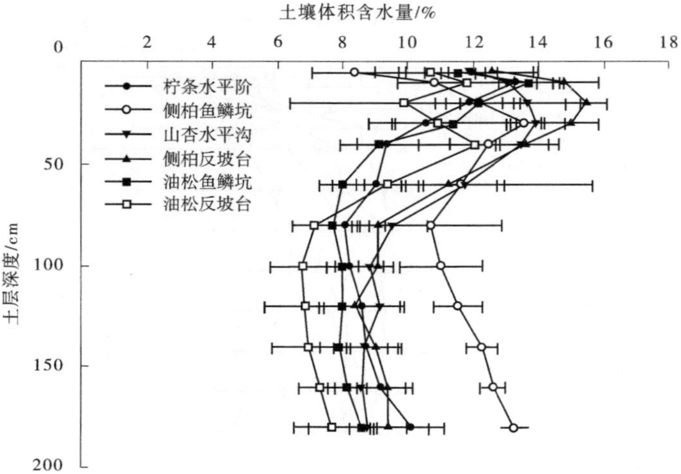

(e)9月

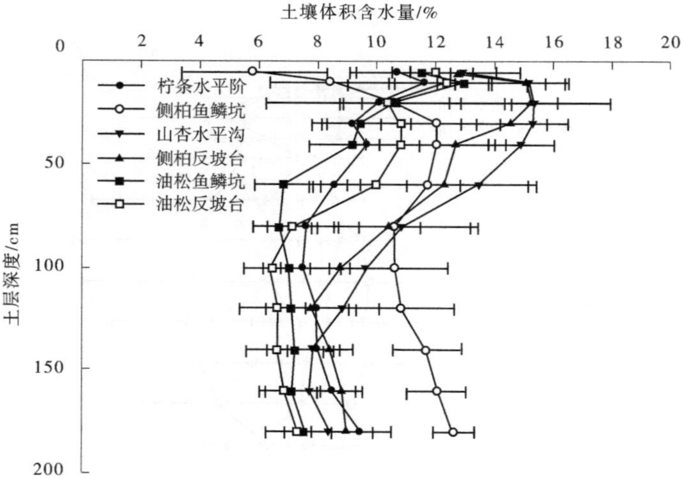

(f)10月

续图 4-8

6月的水分变化没有5月生长季开始时土层变化波动大,土壤水分含量随土层变化不大,水分含量均值由大到小分别是:山杏水平沟>侧柏鱼鳞坑>侧柏反坡台>柠条水平阶>油松鱼鳞坑>油松反坡台,5月的水分数据,表明在生长季初期鱼鳞坑比反坡台有一定的水分优势,同时水分数据表明山杏、侧柏等植被在生长季初期保水能力比较好,油松的耗水能力较强。

7月,随着植物生长过程、气温、降雨量、太阳辐射量等的增加,水分变化呈现新的规律,浅层土壤水分含量随土壤深度的增加而减少,深层土壤水分略有升高,但差异不明显。表层土壤中柠条水平阶、山杏水平沟的含水量最大,其次是侧柏反坡台,然后是侧柏鱼鳞坑,油松反坡台、油松鱼鳞坑的水分含量较低,深层对比中结果是侧柏鱼鳞坑>侧柏反坡台>山杏水平沟>柠条水平阶>油松鱼鳞坑>油松反坡台。从结果中看出,生长季中油松同样对水分消耗比较大,而不同整地方式对根层土壤水分的影响比较为水平沟>反坡台>鱼鳞坑,但鱼鳞坑对深层水分的保持作用比较明显。

8月,因太阳辐射量和气温的增加,同时降雨少而集中,所以表层含水量较低,含水量随土层的增加而增加,同时深层土壤的变化并不显著。山杏水平沟、侧柏反坡台、侧柏鱼鳞坑水分含量较高,但侧柏反坡台和山杏水平沟的水分极大值出现在20 cm左右,而侧柏鱼鳞坑的水分含量随土层深度持续升高,在100~140 cm才出现极大值,这一点也说明了鱼鳞坑整地方式对深层水分的补给作用,而反坡台和水平沟这两种整地方式对表层水分有更好的保持作用。

9月到达了生长季末期,水分含量有所提升,表层过后大于20 cm土层土壤水分随土层深度的增加而减少,小于60 cm土层侧柏反坡台土壤水分含量有明显优势,而大于60 cm土层的水分含量侧柏鱼鳞坑优势明显,深层水分含量还是鱼鳞坑更有优势。

10月,生长季末期水分含量比较,表层主要是侧柏反坡台和山杏水平沟占优势,深层侧柏鱼鳞坑的水分含量较高,山杏水平沟在100 cm以上的土壤土层中水分含量有一定优势,而100 cm以下土层是侧柏鱼鳞坑占优势。不同小区的水分含量对比以80~100 cm为分界线,

80 cm 以上山杏水平沟>侧柏反坡台>侧柏鱼鳞坑>油松反坡台>油松鱼鳞坑>柠条水平阶；100 cm 以下侧柏鱼鳞坑>山杏水平沟>侧柏反坡台>柠条水平阶>油松鱼鳞坑>油松反坡台，说明在生长季末期侧柏和山杏的根层和深层水分较高，而整地方式对比则表明在表层反坡台比鱼鳞坑更有保水优势，鱼鳞坑对深层水分有较好的保持作用。

第四节　整地和植被恢复耦合作用下土壤水分总体特征

一、土壤水分含量的定性分布

不同整地方式和植被类型条件下的土壤水分分布如图 4-9 所示。

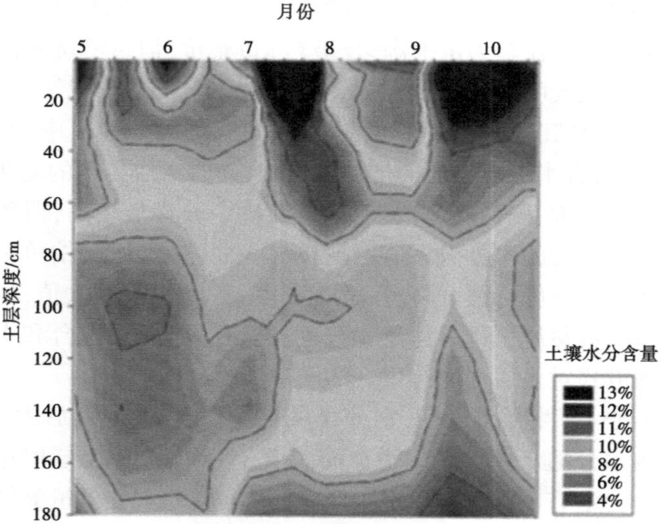

(a)柠条水平阶

图 4-9　不同整地方式和植被类型条件下的土壤水分分布

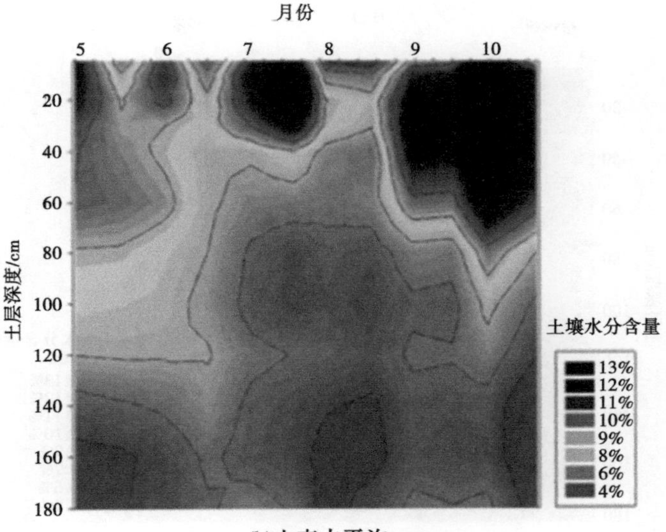

(b)山杏水平沟

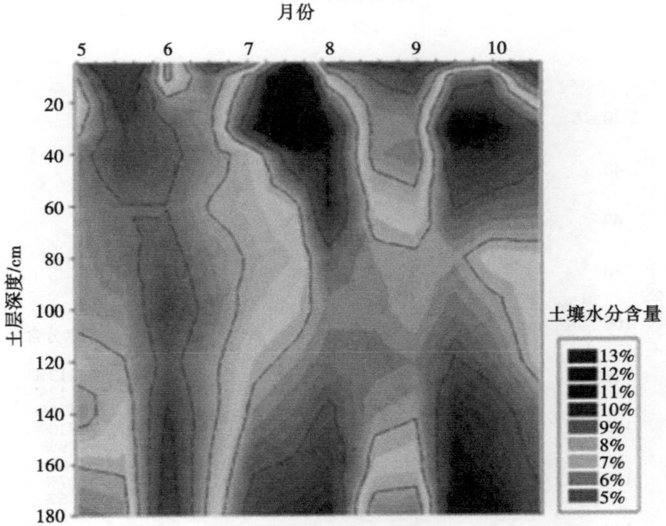

(c)侧柏鱼鳞坑

续图 4-9

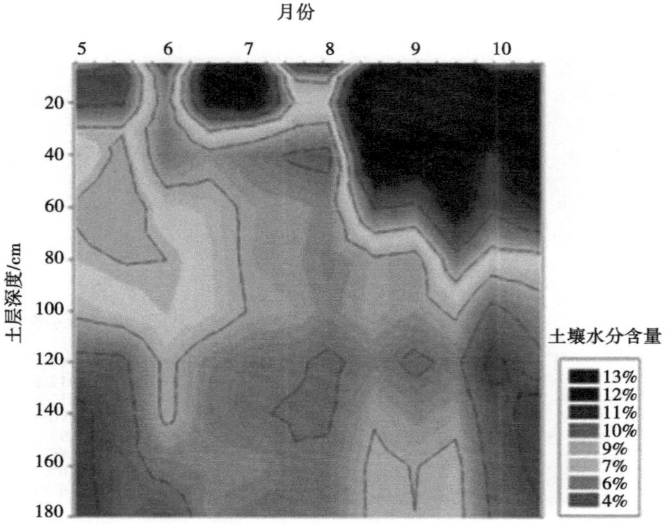

(d)侧柏反坡台

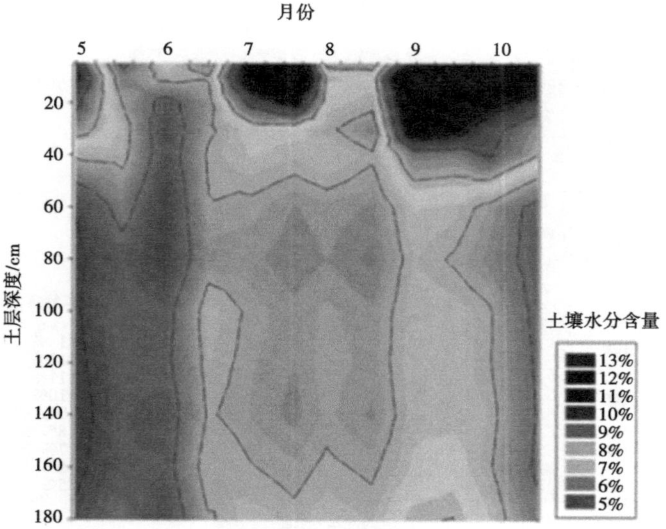

(e)油松鱼鳞坑

续图 4-9

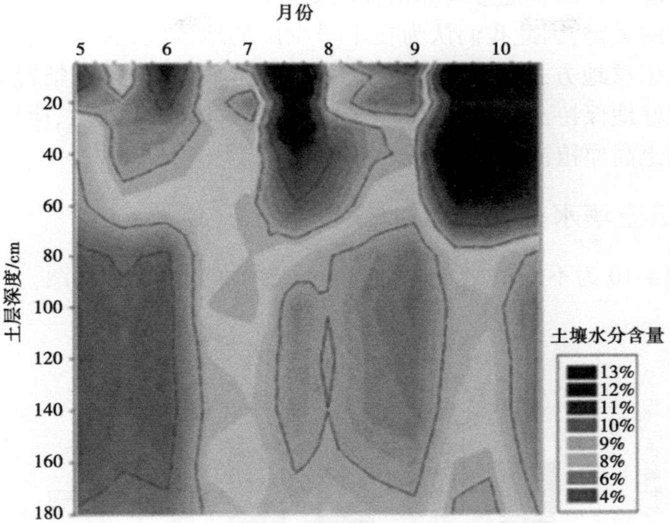

(f)油松反坡台

续图 4-9

从图 4-9 中各小区的水分分布可看出，7 月和 9 月是水分比较充足的月份，同时浅层（80 cm 以上）水分相较深层水分含量较高，从总体上看油松鱼鳞坑和油松反坡台的水分含量相较其他小区偏低，山杏水平沟、侧柏鱼鳞坑和侧柏反坡台水分含量较高。在生长季的中后期，8 月水分含量较低，侧柏鱼鳞坑与侧柏反坡台对比，深层水分含量明显较高，油松鱼鳞坑和油松反坡台也有相同的结果，证明在相同植被覆盖情况下，鱼鳞坑对保持深层水分有积极作用。植被情况的对比，油松植被覆盖的情况下明显比其他植被覆盖下水分含量低。

从定位观测数据来看，整地方式对比中鱼鳞坑水分较高，其次是水平阶和反坡台，由于发现鱼鳞坑的雨水收集能力较强，而反坡台的持水能力较强，所以应根据不同气象条件来合理选择整地方式。植被的对比中，油松耗水量较大，所以不适合在黄土高原的植被恢复中推广。最后，我们发现不同整地方式和植被覆盖分别主要对浅层和深层土壤水分含量影响较大。

合理的人工整地方式和植被恢复物种选择是黄土高原植被恢复成功与否的关键,因此我们认为在干旱少雨的地区应选择反坡台作为主要的人工整地方式,而降雨较多的地区,年降雨量较多的情况下,鱼鳞坑能较好地保持土壤水分含量。最后,由于油松耗水较大,应慎重推广作为黄土高原植被恢复的植被物种。

二、土壤水分含量的总体比较

图 4-10 为不同整地方式和植被类型的水分含量箱形图。

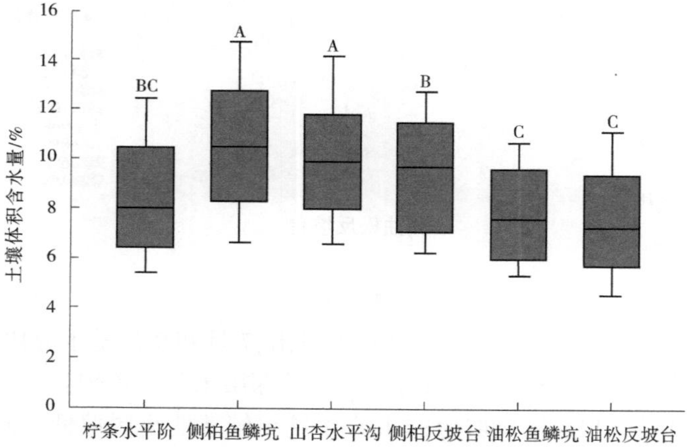

图 4-10 不同整地方式和植被类型的水分含量箱形图

箱形图是通过每个小区 432 组数据得出的水分含量总体分布图,通过箱形图可以看出数据的集中趋势。柠条水平阶的两年水分含量的中位数为 8.01%,其上下四分位值分别为 10.42% 和 6.38%;侧柏鱼鳞坑的两年水分含量的中位数为 10.49%,其上下四分位值分别为 12.73% 和 8.21%;山杏水平沟的两年水分含量的中位数为 9.83%,其上下四分位值分别为 11.74% 和 7.92%;侧柏反坡台的两年水分含量的中位数为 9.72%,其上下四分位值分别为 11.51% 和 7.17%;油松鱼鳞坑的两年水分含量的中位数为 7.58%,其上下四分位值分别为 9.57% 和 6.05%;油松反坡台的两年水分含量的中位数为 7.27%,其上下四分位值分别为9.36%和5.69%。可以看出按水分分布的集中趋势即中位数来排序是侧柏鱼鳞坑>山杏水平沟>侧柏反坡台>柠条水平阶>油松鱼鳞坑>油松反坡台，所以从总体的水分分布来看，鱼鳞坑相比反坡台的整地方式更能保持水分的稳定性。

各小区在不同环境下土壤环境的差异，直接导致在相同的降雨条件下的水分含量的差异。通过水分数据的对称性比较，发现高水分含量相对分散，而低水分含量数据比较集中，这一点也说明当地水分比较贫瘠，通过分析以均值和标准差为基础的极值比较，发现水分与中位数的偏离值更多出现在较低水平上。

第五节　本章小结

降水是流域内土壤和植被所需水分的主要来源，研究不同整地方式和植被恢复的水分特性、动态以及土壤水分含量在各土层的分布规律。水分含量的变化规律，不同整地方式下水分含量按时间对比来看，在整地小区油松的耗水量增加，在生长季的末期保持水分的能力较强，而鱼鳞坑是在生长季的中后期有比较强的水分优势性；山杏、侧柏植被在生长季初期的水分含量明显低，到中后期或末期水分含量比较有优势，而油松是逐渐提高水分含量，土壤水分变化比较稳定。

关于整地后土壤水分含量的研究已经非常多，一般来讲梯田比自然坡面土壤水分含量高。进一步地，研究发现，基于两年的不同整地方式的土壤水分含量观测，鱼鳞坑小区高于水平阶和反坡台小区，但差异并不显著，此外，在降雨较多的条件下，鱼鳞坑的水分含量显著高于反坡台，即降雨后鱼鳞坑的雨水收集功能优于反坡台小区；而在降雨较少的干旱条件下，两者差异并不显著，个别月份反坡台土壤水分含量略高于鱼鳞坑整地，说明反坡台在干旱条件下的水分保持作用优于鱼鳞坑整地。这是因为鱼鳞坑整地方式的特点是在坡面上挖掘鱼鳞半月状的坑，而反坡台是对坡面进行阶梯状的大面积的平整，这样的修建特点导致在降雨后有坑状结构的鱼鳞坑更能将水分吸收在其坑中，而反坡台整地还存在水分的横向运移，水分不能集中于整地区域，所以鱼鳞坑的水分收集能力较强,而在干旱地区,反坡台大面积的平整使得坡面土壤蒸发面积大幅减少,而鱼鳞坑对土壤扰动小,施工量小,没有大量减少坡面土壤的蒸发面积,所以土壤水分散失较大,在土壤水分保持能力方面不如反坡台。综上所述,鱼鳞坑的雨水收集效果优于反坡台,但反坡台的水土保持作用优于鱼鳞坑。最后,我们发现整地方式之间的差异主要集中在表层,因为整地主要是对地表结构和土壤环境进行修整,所以不同整地方式之间的差异主要集中在表层中。

研究发现,基于两年的不同植被类型的土壤水分含量观测,油松小区的含水量要低于其他小区。相比其他树种,油松有更大的单株平均生物量(中国植物志),但冠层密度较小,所以在降雨量较少、太阳辐射较大的黄土高原地区,这样的地上冠层特点导致油松林地的土壤蒸发和植被蒸腾都较大,因为这与地上部分生物量、冠幅、叶面积指数都呈正相关。在生长季前期和中期这种水分消耗更大,因为有较高的太阳辐射和温度,土壤蒸发和植被耗水增多,所以油松小区的含水量在中前期水分亏缺更显著。同时,我们发现不同植被类型之间的土壤水分差异主要在深层土层,原因是在降雨再分配过程中,冠层和树干可以收集雨水,树干和根系管道状系统可以加大入渗深度,补充深层水分;另外,在天气晴朗时,根系吸水对深层水分有水力提升作用,所以植被对深层土壤水分含量的影响较大。对比不同整地方式和植被类型对不同土层水分含量的影响,不同整地方式之间的差异显著性主要出现在深层含水量上,而不同植被类型的比较中对土壤水分的影响,发现不同植被类型土壤水分在浅层土壤就有显著性的差异。

不同整地方式的小区与自然坡面对照小区水分含量对比,鱼鳞坑这种整地方式在中后期的水分变化比较明显,在水分较少情况下有较好的保水效果。山杏水平沟、侧柏反坡台都是各个月份均高于对照组,显示了较好的保水效果。同时整地使油松耗水量增加导致水分含量相对较低,从整地方式的水分对比结果来看,反坡台、水平阶主要是对根层和表层水分的保护作用比较明显,而鱼鳞坑主要对深层土壤的水分有一定的补给作用。

第五章　整地和植被恢复对土壤生态水文服务的综合影响

第一节　引　言

土壤水分亏缺、碳存量不足和缺乏养分是世界各处干旱和半干旱地区陆地生态系统中最严重的生态环境问题,例如黄土高原。为了改善环境质量和减轻环境退化,各地政府和林业部门进行了许多生态计划和项目,例如,"退耕还林"计划。到目前为止,植被恢复和生态环境得到了一定的改善,使土壤侵蚀明显减少。但是,大部分地区的水短缺压力和土壤养分储量不足的生态问题都没有得到缓解,甚至在全球变暖和人类活动增加的背景下变得更加强烈。因此,在全球气候变化的条件下,干旱和半干旱生态系统的环境问题得到越来越多的关注。如何处理陆地生态系统气候变化下的生态问题,已成为近几十年来全球气候变化研究的热点。

在这样的背景下,目前研究发现,整地方式和植被类型的耦合作用对改善土壤水碳储量具有最重要的作用。也就是说,随着植被和整地方式的相互作用,土壤功能可以最大程度地改善。目前,量化它们的共同作用更为复杂和鲜为人知,研究和评估陆地生态系统内人工整地方式和植被覆盖对土壤水碳和养分储量的影响,并寻找更合理的生态恢复措施需要更多的关注。因此,本研究的目标是:①对比和研究整地方式和植被类型耦合效应下的土壤生态水文服务;②探索整地方式和植被恢复对土壤生态水文服务的影响;③基于核算的土壤生态水文服务,寻找在水土保持和生态修复过程中最佳的整地方式和植被类型的组合,以科学合理地进行生态脆弱区的生态恢复工作。

第二节　整地和植被耦合作用下的土壤固碳服务

一、土壤碳库储量比较

图 5-1 为不同整地方式和植被类型组合条件下 0~100 cm 内土壤碳储量(SCS)。

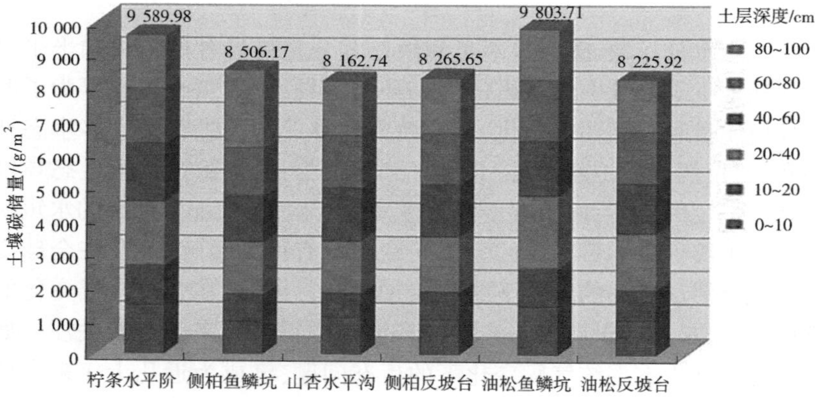

图 5-1　不同整地方式和植被类型组合条件下 0~100 cm **内土壤碳储量**(SCS)

如图 5-1 所示,本研究比较了不同整地方式和植被类型组合条件下的土壤碳储量(SCS)。不同整地方式和植被类型耦合下的土壤碳储量存在差异,各土层储量也存在差异。在 0~100 cm 土层中,相比其他整地和植被的组合,油松和鱼鳞坑的组合有最多的土壤碳储量(9 803.71 g/m²),而山杏和水平沟组合的土壤碳储量最少(8 162.74 g/m²)。在不同的整地和植被组合中,土壤碳储量由高到低的各个整地和植被的组合分别为:油松鱼鳞坑(9 803.71 g/m²)、柠条水平阶(9 589.98 g/m²)、侧柏鱼鳞坑(8 506.17 g/m²)、侧柏反坡台(8 265.65 g/m²)、油松鱼鳞坑(8 225.92 g/m²)和山杏水平沟(8 162.74 g/m²)。

二、整地和植被恢复对土壤固碳的影响

图 5-2 为不同影响因素(整地方式、植被类型)对土壤碳储量的影响分析。

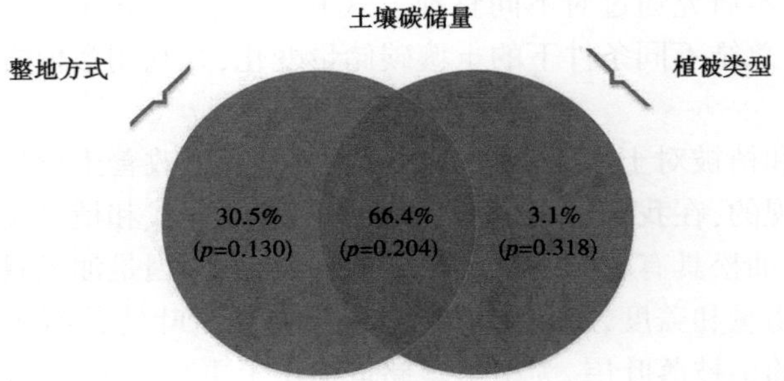

图 5-2　不同影响因素(整地方式、植被类型)对土壤碳储量的影响分析

通过数值的方法,使用偏 RDA 和方差分解的方法,分析不同整地和植被类型等因素对土壤碳储量分布和变化的影响,通过不同变量(组)对土壤碳储量变化程度的解释度来说明各因素对土壤碳储量的影响。从图 5-2 中可以看出,整地方式对土壤碳储量变化的解释度是最大的(共计 96. 9%),说明整地方式对土壤碳储量的影响是非常大的,即土壤碳储量主要通过整地方式的影响而变化,而整地方式对土壤碳储量有更大的积极影响。此外,在整体解释度中,有 66. 4%的解释度是来自整地和植被的共同作用,说明虽然整地方式对土壤碳储量存在主导影响,但其对碳储量的影响主要是通过整地和植被的共同作用来实现的,毕竟植被及其枯枝落叶等凋落物是土壤碳储量的物质来源。所以,结果显示整地方式对土壤碳储量的影响较大,而整地方式和植被之间的共同作用在影响土壤碳储量变化中占主导影响。

三、整地和植被恢复对固碳服务的影响

在黄土高原的生态环境治理和植被恢复过程中,每年都会有大量的植被枯落物随土壤生物分解和雨水淋洗,转化为土壤养分进入土壤。如:有机物质通过土壤微生物的分解变化为腐殖质,使土壤有机质增

加,最终增加了土壤碳储量。在这些过程中,整地和植被覆盖对土壤养分积累与循环都有一定影响,如乔木的枯枝落叶层比较厚,但也存在着其凋落物木质素含量较高,分解速度较慢的问题,合理的整地方式可以发挥其地形优势。所以,在不同植被覆盖下的地形和地区,土壤碳储量存在差异,本研究通过对不同整地方式和植被恢复条件下碳储量的计算和对比,总结不同条件下的土壤碳储量变化,并利用数值方法量化了相互影响。

整地和植被对土壤碳储量的影响主要是通过改善土壤性质和地形条件而实现的,在我们的研究中,对比不同整地方式和植被类型下的土壤碳储量,油松具有较高的土壤碳储量和含量,原因是油松具有更高和更大的生物量和盖度,所以更高大和密集的枝干叶使其有更多的凋落物和更厚的枯枝落叶层,为土壤碳储量提供了更高的物质补给,经过转化之后储藏至土壤碳中,提高土壤碳储量。

第三节　整地和植被耦合作用下的养分供给服务

一、土壤养分储量比较

图 5-3 为不同整地方式和植被类型条件下 0～100 cm 内土壤养分储量(SCS)。

如图 5-3 所示,不同整地方式和植被类型条件下的土壤养分储量(氮、磷、钾)在本书中进行了比较。首先,土壤氮储量(SNS)从高到低分别为柠条水平阶(721.24 g/m^2)、油松鱼鳞坑(670.56 g/m^2)、山杏水平沟(563.12g/m^2)、油松反坡台(501.92 g/m^2)、侧柏鱼鳞坑(434.62 g/m^2)、侧柏反坡台(395.82 g/m^2)。其次,与土壤氮储量的结果相似,土壤磷储量(SPS)含量最高的小区是柠条水平阶(1 847.00 g/m^2),而土壤磷储量最低的小区是侧柏反坡台(1 063.82 g/m^2),其他 4 个小区的土壤磷储量的高低排序分别是:油松鱼鳞坑>油松反坡台>侧柏鱼鳞坑>山杏水平沟,并且它们土壤磷储量分别为 1 680.35 g/m^2、

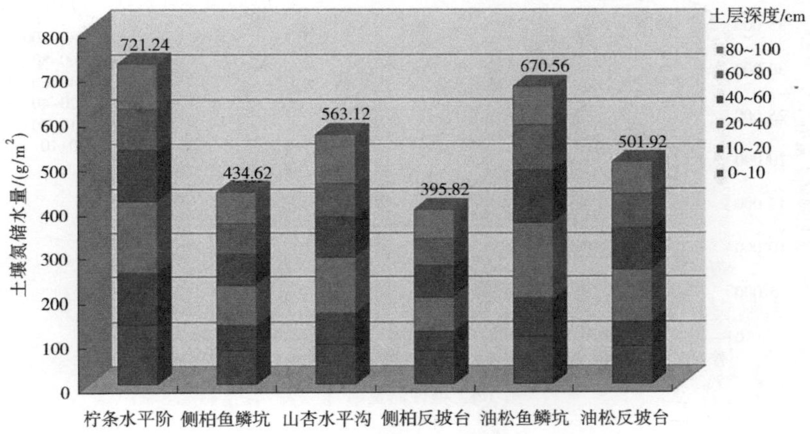

(a)土壤氮储量(SNS)

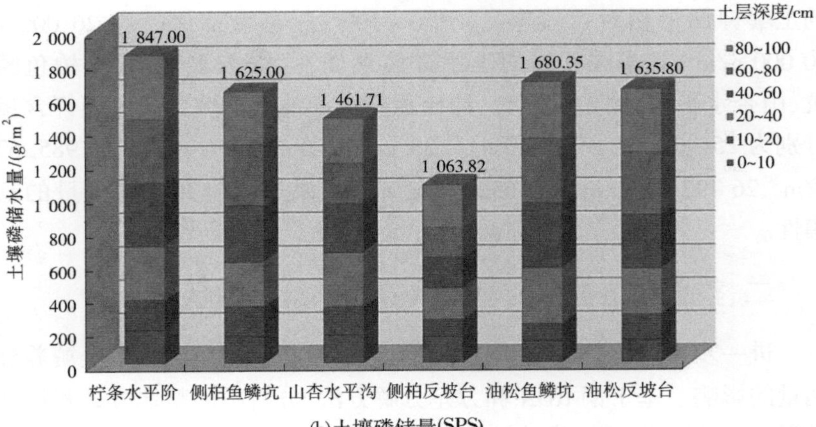

(b)土壤磷储量(SPS)

图 5-3　不同整地方式和植被类型条件下 0~100 cm 内土壤养分储量(SCS)

1 635.80 g/m²、1 625.00 g/m²、1 461.71 g/m²。由不同整地方式和植被类型条件下的土壤磷储量比较可以发现，柠条的养分储量确实高于其他植被，所以比较适用于土壤养分贫瘠地区。最后，比较了土壤钾储量(SKS)在不同整地方式和植被类型条件下的含量，发现不同条件下

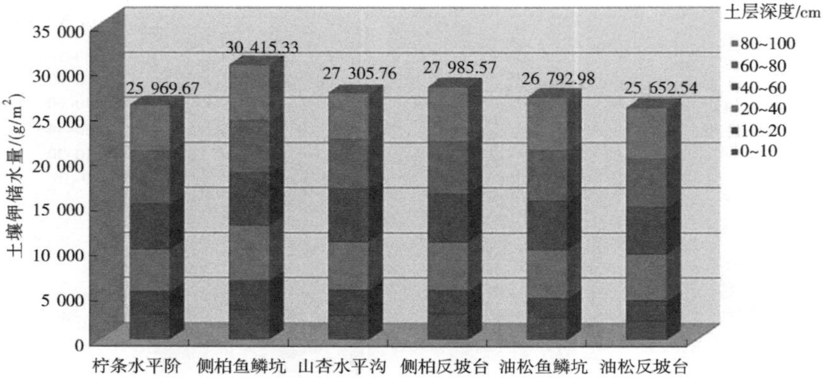

(c)土壤钾储量

续图 5-3

的土壤钾储量相对比较丰富，其 0～100 cm 总量都保持在 26 000～30 000 g/m²，各小区具体的土壤钾储量如下：柠条水平阶、侧柏鱼鳞坑、山杏水平沟、侧柏反坡台、油松鱼鳞坑和油松反坡台的土壤钾含量分别为 25 969. 67 g/m²、30 415. 33 g/m²、27 305. 76 g/m²、27 985. 57 g/m²、26 792. 98 g/m²、25 652. 54 g/m²，结果表明研究区钾含量的富集性。

二、整地和植被恢复对土壤养分供给的贡献

进一步，本研究采用相同的数值方法，分析了不同因素对土壤养分储量的影响。基于偏 RDA 和方差分解方法，分析不同整地方式和植被类型对土壤养分（氮、磷、钾）储量分布和变化的影响，结果如图 5-4 所示。首先，对土壤氮储量（SNS）的影响因素分析显示，植被类型对其变量解释度最大，达到了 88. 3%（$p< 0.05$），而相比之下，整地方式对土壤氮储量的影响较小，其解释度只有 63. 5%（$p< 0.05$）。这说明植被类型相比整地方式更影响土壤氮储量，并且，两者的共同作用对土壤氮储量的解释度比两者各自单独的解释度都高，达到总体解释度的 51. 8%（$p< 0.01$）。其次，对于土壤磷储量（SPS），整地方式和植被类

型对其各自的解释度分别为 28.5%和 31.1%($p< 0.05$),而它们之间的相互作用对土壤磷储量的解释度达到了 40.4%($p< 0.01$)。最后,对于土壤钾储量(SKS),植被对土壤钾储量的解释度达到了 77.1%,说明植被在影响土壤钾储量含量上起着主导作用。相比之下,整地方式和两者共同作用的解释度分别为 15.9%和 38.8%,都要小于植被类型对土壤钾储量的解释度。

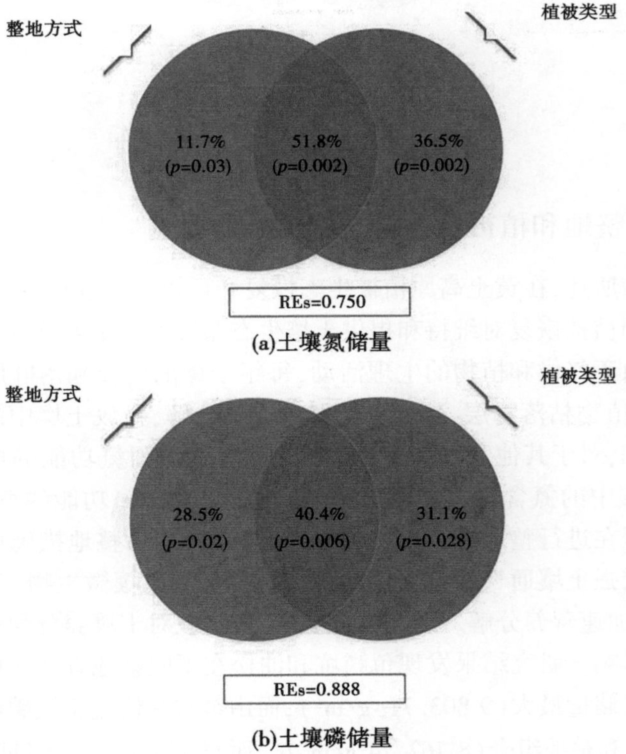

图 5-4　不同影响因素(整地方式、植被类型)对土壤养分储量的影响分析

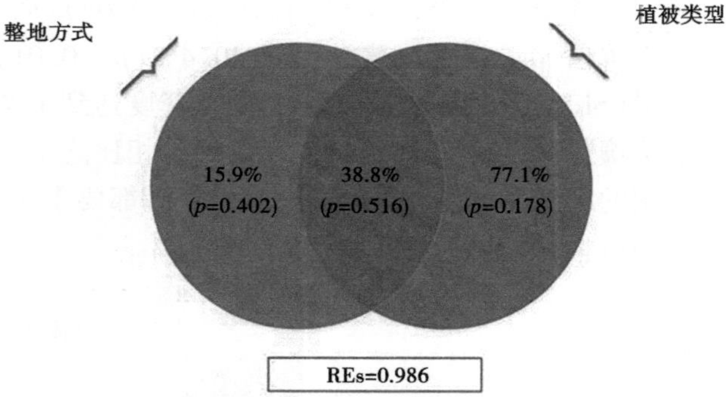

(c)土壤钾储量

续图 5-4

三、整地和植被恢复对土壤性质的影响

如前所述,在黄土高原植被生态恢复和环境改善过程中,不同整地条件下的植被恢复对维持和提供土壤生态系统的土壤养分储量有重要作用。由于气候和植物的生理活动,每年干燥的树枝和落叶脱落到地面,形成植物枯落物层,然后它们经过逐渐分解,释放土壤中的营养物质。例如,对于其他营养元素(如 N),具有生物固氮功能的植物可以增加土壤中的氮含量,本研究中柠条就是具有固氮功能的豆科植物。这些过程在进行整地措施后更加迅速和高效,因为整地措施可以疏松土壤并增强土壤通气性,这会增加土壤生物(如土壤微生物)的生理活性,然后加速营养分解。因此,整地措施和植被对土壤养分积累和循环有重要影响。研究结果发现鱼鳞坑和油松在不同整地方式和植被组合中土壤碳储量最大(9 803. 71 g/m^2),而山杏水平沟是土壤碳储量比较少的植被和整地组合(8 162. 74 g/m^2)。而对于土壤养分储量,柠条水平阶和油松鱼鳞坑有较高的土壤养分储量,而山杏水平沟具有比其他组合低的土壤养分储量。

研究发现,油松和柠条具有更好的养分状况和更高的养分储量,特别是土壤氮储量,原因是他们有更高的生物量和土壤养分转化能力,如油松具有更发达的枝干和地上部分、根系和地下部分，所以相比其他植被，它们对土壤养分有更多的物质补充和营养补充能力。又比如，柠条作为一种固氮植物，通过根系可以固定更多的氮元素在土壤养分库。所以，油松和柠条具有更好的土壤碳储量和养分储量，更重要的是，合理的整地方式会使这种养分储存优势更强地发挥出来，达到提高养分累积和提高土壤质量的最佳效果。

从之前的养分含量垂直分布可以看出，土壤养分储量同样具有表聚性，即土壤养分储量会随着土层深度的增加而减少。这是因为随着土层深度的增加，其养分循环过程的活跃程度会随之降低，当不同养分循环在表层更积极地转化和储存时，深层土壤的养分状况和养分储量相较表层会降低，其养分循环速度也相应减慢。

第四节　整地和植被恢复对土壤水源涵养的影响

一、整地和植被耦合作用下的土壤储水量对比

图 5-5 为不同整地方式和植被类型组合条件下 0~100 cm 内土壤储水量(SMS)。

如图 5-5 所示，根据不同条件下的土壤水分含量分布和土壤性质，计算和比较了不同整地方式和植被类型条件下的土壤储水量。结果表明，土壤储水量(SWS)在不同整地方式和植被类型条件下存在明显差异，同时不同土层也存在差异。总体来讲，在 0~100 cm 土层中，山杏水平沟具有最高的土壤储水量(124. 68 mm)，其次是侧柏鱼鳞坑(120. 85 mm)、侧柏反坡台(116. 11 mm)、柠条水平阶(98. 58 mm)，而油松鱼鳞坑和油松反坡台的土壤储水量最少，其 0~100 cm 的土壤储水量分别只有 89. 55 mm 和 88. 30 mm。

在不同整地方式和植被类型的组合条件下，本研究计算了各土层的土壤储水量(分别为 0~10 cm、10~20 cm、20~40 cm、40~60 cm、60~80 cm 和 80~100 cm)。其中，20~40 cm 土层的土壤储水量对累计储

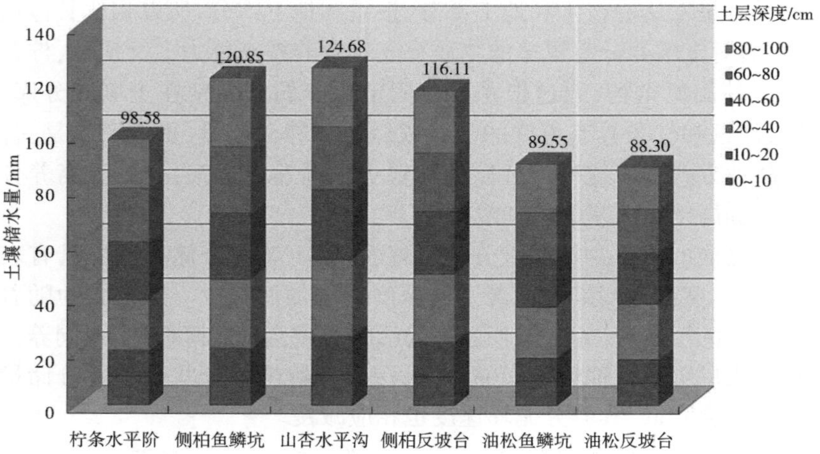

图 5-5　不同整地方式和植被类型组合条件下 0~100 cm **内土壤储水量**(SMS)

水量的贡献最大,占总土壤储水量(0~100 cm)的 21.4%(20~40 cm 为 136.79 mm,而 0~100 cm 累计土壤储水量合计为 638.07 mm)。其次为 40~60 cm、60~80 cm 和 80~100 cm,分别为 131.57 mm、121.61 mm 和 120.55 mm,分别占 0~100 cm 土壤总储水量的 20.6%、19.1%和 18.9%。浅层土壤(0~10 cm 和 10~20 cm)对 0~100 cm 土壤储水量的贡献最小,分别为 59.86 mm(9.4%)和 67.68 mm (10.6%),原因是在黄土高原表层的蒸散发过大,土壤水分散失过于严重,导致了不同整地方式和植被类型条件下表层的储水量均较小。

二、整地和植被对剖面土壤水分的影响

图 5-6 为不同影响因素(整地方式、植被类型和降雨量)对各土层土壤储水量的影响分析。

同样地,使用偏 RDA 和方差分解等数值方法,计算和比较了不同因素(整地方式、植被类型和降雨量)在各土层对土壤储水量的影响,而且还分析了各因素之间单独与共同作用对土壤储水量的影响。值得注意的是,本研究在选取各因素对土壤储水量的影响时,特别将降雨量也作为土壤储水量变化分析的因素,因为其是土壤水分的主要贡献者,

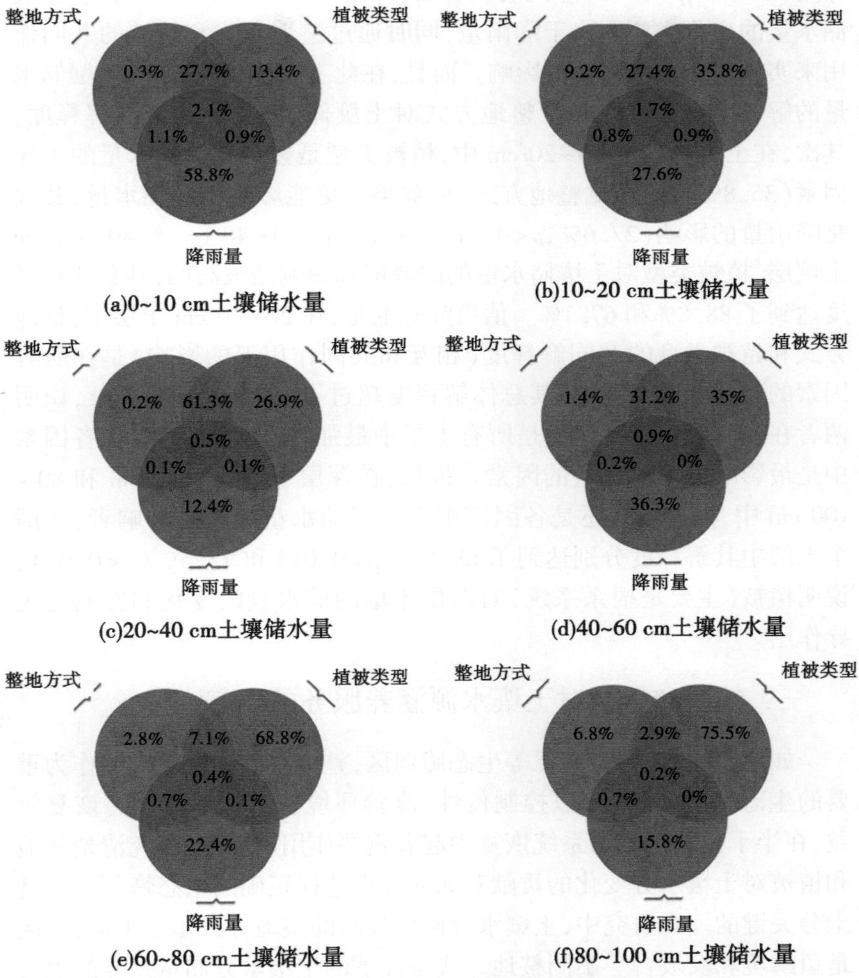

图 5-6　不同影响因素(整地方式、植被类型和降雨量)对各土层土壤储水量的影响分析

如我们之前所论述的,在研究区降雨量是土壤水分补给的唯一来源。

首先,在 0~10 cm 土壤表层,降雨量是土壤储水量变量最大解释度的主导因素(58.8%, $p<0.01$),其次是整地方式和植被类型的共同

作用(27.7%,$p<0.01$)。说明在表层,降雨是水分补给来源,表层土壤储水量的变化主要取决于降雨量,同时通过整地方式和植被的共同作用来实现对土壤储水量的影响。而且,在此土层,植被类型对土壤储水量的解释度(13.4%)高于整地方式对土壤储水量(0.3%)的解释度。其次,在土壤次表层10~20 cm中,植被类型是影响土壤储水量的主导因素(35.8%),而相比整地方式,植被类型更能影响土壤储水量,其次是降雨量的影响(27.6%,$p<0.01$)。再次,在20~40 cm和40~60 cm土壤层,植被类型对土壤储水量的解释度和影响是最高的,其总体解释度达到了88.8%和67.1%。值得注意的是,在20~40 cm土层中,整地方式和植被类型的共同解释度(相互和共同作用下的影响)是在所有因素的解释度中最高的,其总体解释度超过了61.3%($p<0.01$),说明两者在该土层的相互作用是所有土层中最强的,也说明两者在各因素中是最影响土壤储水量的因素。最后,在深层土壤60~80 cm和80~100 cm中,植被类型还是各因素中对土壤储水量最大的影响者,在两个土层中其解释度分别达到了68.8%($p<0.01$)和75.5%($p<0.01$),说明植被(主要是根系系统)对深层土壤的储水量的变化和影响起主导作用。

三、整地和植被对土壤水源涵养服务的贡献

如前所述,在黄土高原等生态脆弱区,整地方式和植被类型作为重要的生态恢复手段,用以控制侵蚀、改善环境状况和保证生态恢复效益,在半干旱地区生态系统恢复中起着重要作用。因此,研究清楚整地和植被对土壤水分变化的贡献对如何合理选择正确的生态恢复方式是十分关键的。在研究中,土壤水分储量最高的整地方式是水平沟,其次是鱼鳞坑和反坡台。不同整地方式条件下的土壤水分储量差异的主要原因是各种整地方式对下垫面改造方式的差异导致的。众所周知,不同整地方式改变了下垫面结构,改善了土壤性状,提高了土壤蓄水和保水能力,所以提高了土壤水分和水分储量。此外,整地之后,侵蚀和径流路径也被改变和阻断,从而在降雨时减少了水土流失、增加了土壤水分入渗。土壤生态环境条件通过整地得到了改善,地表植物性状也更

加优良,如有更浓密和更大的冠层,这样可以减少地表蒸发。根据水量平衡理论,土壤持水和储水能力增加,土壤水分相应地增加,而径流和蒸发都相应地减少,所以在土壤生态系统中的水分储量在整地之后得到了提升和改善。

植被类型对土壤水分储量也有影响,本研究也对比了不同植被类型条件下的土壤水分储量。结果显示,相比其他植被类型,山杏具有最高的土壤水分储量,其次是侧柏、柠条和油松。不同植被类型土壤水分差异的主要原因是植被地上部分(枝干、冠层)和地下部分(根系系统)的结构差异导致的。首先,不同植被类型的耗水特性存在差异。一般来讲,较大的生物量的植被一般都具有更大的植被蒸腾和吸水能力用于其冠层和根系的生长和生理活动,这会导致更多的水分消耗。比如本研究中的油松,相比其他植被类型其有着最大的植被生物量(地上和地下)并且耗水量也是最大的。其次,不同植被类型由于其地上、地下部分的结构差异,因而有着不同的水分保持能力。具体地讲,在降雨过程中,浓密的地上结构会导致不同的降雨再分配过程,而在非降雨条件下,植被覆盖条件下的树荫相比裸地可以有效减弱地表蒸散发,减少直射的太阳辐射,这些过程都取决于植被的地上部分属性和性状。另外,有些研究指出根系有着非常重要的水土保持作用。最后,不同土层的土壤储水量的比较结果显示,20~40 cm 土层的土壤储水量是最丰富的,而且除表层土壤(0~10 cm)外,各土层的土壤储水量都是与土层深度呈负相关的。这种土壤储水量的垂直分布情况主要是由于一般降雨过后的土壤入渗过程影响的。降雨过程中和降雨后,不同土层的土壤水分补给是存在差异的:表层土壤补给比较充分,随着土层深度的增加补给逐渐减弱。而土壤表层水分储量较低的原因是土壤蒸发,表层(0~10 cm)由于土壤蒸发会有大量的水分散失。

第五节　本章小结

基于上述结果与讨论,不同整地方式和植被类型条件下的土壤生态系统功能存在着差异,如水源涵养、土壤碳库、养分储量的差异,进一步地,本研究得出不同整地方式和植被类型之间的相互作用条件同样对土壤生态系统存在影响。具体地说,整地可以增加土壤水分和养分,并且改善土壤环境从而影响植被生长条件,所以整地对植被生长有积极的影响。另外,植被覆盖可以减少土壤水分蒸发,增加土壤入渗和水分保持能力,提高水土保持效益。因此,整地方式和植被恢复之间存在相互作用,所以它们两者之间存在各自和共同的对土壤生态系统的影响。为了研究这些单独的和共同的影响,本研究使用数值方法(如偏RDA和方差分解法),试图发掘影响土壤储水量、养分储量的主导因素(在不同土层情况)。

对于土壤储水量(SMS),降雨量可以被看作是一个重要的影响因素,因为它是研究区的土壤生态系统中水分补给的唯一来源。根据分析结果显示,表层(0~10 cm)土壤的储水量的主要影响因素是降雨,因为水分含量随着降雨量的变化而产生变化。在次表层中(10~60 cm),整地方式和植被的共同影响(即两者的相互作用条件下)是影响土壤储水量的主导因素,因为整地方式可以松动土壤并且改善土壤性质,但有一定的深度限制,一般来讲60 cm是其影响的极限深度,刚好该土层也是植被根系相对发达的地方(Yuan et al.,2017)。所以也可以说,在这个次表层10~60 cm是整地方式和植被相互作用最活跃的土层(Tengia et al.,2016)。因此,它们的共同影响是次表层土壤水分储量最主导的影响因素。在深层土壤中(60~100 cm),植被的影响对其土壤储水量是主要的,说明根系系统可以影响深层土壤状况,而整地方式在该土层很难表现出相应的影响力。

对于土壤碳储量,整地方式对其解释度可以达到96.9%($p>0.05$)。但在这个总体解释度中,其中有66.4%的解释度来自整地和植被的共同作用,说明整地对土壤碳储量有更主要的影响,但其和植被的共同作用才能达到固碳的最佳效益。对于不同的土壤养分储量,结果具有相似性,即整地方式和植被的相互作用是影响土壤养分储量的最主要因素。之所以在整地方式和植被类型的共同作用下才是影响土壤养分储量的最重要因素,是因为两者需要彼此的相互作用才能达到生态效益的最大化。

综上所述,不同整地方式和植被类型条件下的土壤水碳储量、养分储量及不同土层的垂直分布存在差异。基于不同组合条件下的土壤性质,结果对比了土壤水分状况和养分分布,从而分析植被和整地以及土壤生态水文服务的相互关系和影响机制。结果可以为生态脆弱区的植被恢复合理选择树种提供参考,以及为合理选择人工生态恢复措施,这对科学合理地进行生态环境恢复有着重要意义。

第六章 结论与展望

第一节 结 论

在黄土高原小流域开展合理整地和植被恢复能够有效截留降雨，减少径流，补给土壤水，进而促进生态恢复。本书选择位于我国西北部存在土地退化、水土流失、干旱胁迫和植被恢复困难等严重生态问题的黄土高原典型流域为研究区，基于野外观测和实测数据，分析比较不同整地方式和植被类型耦合作用（柠条水平阶、侧柏鱼鳞坑、山杏水平沟、侧柏反坡台、油松鱼鳞坑、油松反坡台）综合影响下的土壤水分特征以及养分变化规律。在半干旱黄土高原地区，研究不同整地方式和植被恢复下的土壤水文效应与变化规律，对于揭示整地-植被-土壤系统之间的相互关系有重要作用。另外，基于坡面尺度，围绕植被在防治水土流失过程中的作用，采用模拟降雨方法模拟不同雨强状态下的产流产沙响应，从而比较不同条件下的水土保持效益，研究集中在植被自身的形态和功能与水土流失之间的关系，从植被配置和分布格局的角度出发，在干旱半干旱生态系统的植被恢复工程中，探讨坡面尺度上植被配置和分布格局的水文效应是如何体现的。探讨在不同植被分布格局条件下的水文效应，对退化生态系统的水土资源管理有科学意义。主要结论如下：

（1）整地方式和植被恢复可以改善土壤性质，进而让植被生境和生长状态有所改善。结果表明：土壤养分含量随土层的增加而减少，0~100 cm 养分平均含量只有表层含量的 43.1%~86.8%，所以土壤养分含量的表聚性比较明显；整地和植被类型对土壤养分的影响：整地方式下养分含量由高至低依次为水平沟、水平阶、鱼鳞坑、反坡台，植被类型养分对比结果：柠条>油松>山杏>侧柏。

(2)整地措施小区的土壤水力学性质有比较明显提高。本研究根据土壤水分时空分布、土壤理化性质、土壤持水能力在各整地方式和植被类型条件下的观测,以及自然坡面的对照,定量评价整地方式对土壤水力学性质的影响。结果表明,整地可以有效提高土壤水分含量,整地小区土壤水分平均提高 1.883%(cm^3/cm^3),相比自然坡面高出了22.62%。鱼鳞坑和反坡台整地小区,土壤水分含量分别提高了29.69%和15.55%。与对照相比,鱼鳞坑和反坡台的饱和含水量分别提高了7.52%和4.24%,土壤有效水各提高4.74%和11.40%。此外,结果显示整地对表层土壤水力学性质的影响更大,与自然坡面对照相比,鱼鳞坑和反坡台 0~20 cm 表层的土壤有效水含量分别提高了38.75%和23.84%,而深层(60~80 cm)土壤有效水含量与对照只相差3.34%和3.85%。

(3)在黄土高原地区,降雨是土壤水分和植被所需水分的主要来源,数据表明土壤水分含量变化规律主要受降雨影响,但土壤水分的补给与降雨时间存在着滞后效应。不同整地方式下生长季水分含量的对比关系是水平沟>鱼鳞坑>反坡台。季节性变化对比,其中鱼鳞坑在生长季中期雨水较多时的水分优势比较明显,而反坡台在生长季初期与中后期的土壤储水量有更好的保持作用。不同植被水分储量之间比较结果:山杏水平沟>侧柏鱼鳞坑>侧柏反坡台>柠条水平阶>油松反坡台>油松鱼鳞坑,在传统植被恢复类型比较中,油松的耗水量较大。最后,整地方式对土壤储水量的影响在表层有较显著差异,而植被对水分影响在深层土壤储水量就有很明显差异。

(4)除土壤表层水分储量受降雨影响最高外,主要影响土壤储水量的是植被和整地的共同作用。土壤储水量最高的是山杏水平沟小区(0~100 cm 内为 124.68 mm),而油松反坡台的土壤储水量最少(88.30 mm);油松鱼鳞坑有着最高的土壤碳储量(9 803.71 g/m^2),而山杏水平沟的土壤碳储量最低(8 162.74 g/m^2);土壤养分储量的综合比较中,柠条水平阶和油松鱼鳞坑有较高的土壤养分储量,而山杏水平沟的养分储量较低。此外,土壤储水量在表层 0~10 cm 主要受降雨影响(58.8%),而在根层(10~60 cm)主要受整地和植被共同影响,而深层主要受植被影响(68.8% 和 75.5%)。

(5)雨强、坡位与植被属性对产流产沙过程有重要影响。基于模拟降雨下不同灌草配置格局对产流产沙的响应,研究发现灌-乔-草的坡面配置模式有较好的减流减沙效应,其产流产沙速率分别为 5.51 L/(m^2·h)和 21.77 g/(m^2·h),相比之下,乔-草-灌和乔-灌-草(乔木在上坡位)的坡面配置模式产流产沙可多达 18.34 L/(m^2·h)和 197.98 g/(m^2·h),所以配置格局最好的灌-乔-草相比乔-草-灌减流效益达到 69.96%,减沙效益达到 89.01%。通过 RDA 和相关分析表明,不同坡位的植被分布格局有着非常明显的差异,植被集中分配在中下段位置更有利于减流减沙效益,所以在实际坡面水土保持工作中,相同生物量或植被数量的工程作业应合理分配植被配置,达到最优的减流减沙效果。

综合以上研究结果,生态恢复措施对土壤生态环境和水文性质有积极改善作用,不失为生态建设中良好的水土资源管理措施。本研究结果能为合理的坡面建设、植被恢复和管理措施提供一定的理论参考,同时为工程措施在流域治理及植被恢复中的设计与应用提供技术支撑。

第二节 创新点

土壤质量和水文循环对黄土高原生态脆弱区的环境恢复有至关重要的意义,作为重要的生态恢复手段,梯田建设和植被恢复后的土壤生态水文效益是本书研究的重点。本书的创新点主要包括:

(1)基于坡面尺度,以不同整地措施与植被耦合特征下的水文效应为中心,研究不同整地措施与植被耦合条件下的水文效应与土壤性质,从物理性质、养分、碳库、水分、径流等方面全面地分析了土壤质量等生态服务功能。

(2)围绕植被在防治水土流失过程中的作用,集中研究在植被自身形态功能与水土流失之间的关系,并从植被配置和分布格局的角度出发,研究在干旱半干旱生态系统的植被恢复工程中的水文效应。

(3)结合研究区现状,识别人工措施和植被类型对生态恢复和水文效应的影响,探讨生态恢复措施的最优效益。

第三节 不足与展望

本研究开展了大量的野外持续观测工作,样品的实验室测试分析和数据整理(如小流域尺度水分、养分分析),完成了相关实验分析和数据处理工作,结合下一步工作安排,目前存在以下不足:

(1)对土壤水分动态变化过程的监测不足。水分监测主要是生长季5月开始至10月结束,每两周进行一次手动监测(TDR),所以获取的数据是两周内气象条件下的土壤水分含量值,对次降雨事件的水分变化响应的精度略显不足。为此,我们计划对土壤水分监测设备进行升级,从而可以更加精确地提供水分动态变化过程的数据,结合已有的气象数据检测基础,为进一步准确和详细地研究不同整地和植被覆盖条件下的水分变化提供数据基础。

(2)对植被的性状研究不足。目前的研究主要集中在整地与坡面的生态水文过程对比,而不同条件下植被的生长状况比较欠缺。为此,我们增加了不同整地条件下植被根系、植被地上部分的样本调查等,以期为解释植被与整地耦合作用下对土壤理化性质、水文过程的两者各自贡献值提供分析基础。

(3)研究探讨了坡面整地对植被耗水及植被生长状况的影响,但是研究仅限于样地尺度,并且,研究结果仅从土壤水分动态变化、植被的蒸腾耗水特征以及植被的形态参数方面比较而得,关于植被进行水汽交换的另一个生理指标——光合作用的研究尚未涉及。为了更系统全面地了解生态恢复过程中植被的生长状况及水文影响,应进一步加强对植被碳水耦合方面的研究,同时,考虑如何在样地尺度的基础上进行尺度扩展,从而对流域尺度甚至区域尺度坡面整地的植被水文过程进行研究。

(4)对次降雨事件的降雨再分配过程研究不足。通过定位观测,我们获得了降雨量、土壤水分变化量和径流量等数据,根据水量平衡原理,水分的消耗还受到土地与植被蒸散发的影响,这一方面的实验尚显不足。为此,我们结合安家坡流域的梯田与坡面植被蒸腾量的对比实验,在龙滩流域增加了不同植被的蒸腾耗水量的对比,下一步准备开展各整地条件下土壤蒸发量的比较,以及各次降雨条件下植被对雨水再分配过程的研究。

参考文献

[1] 蔡进军, 蒋齐, 张源润, 等. 宁南山区典型旱作农耕地土壤特性分析[J]. 西北农业学报, 2007(2):75-79.

[2] 陈志雄, 汪仁真. 中国几种主要土壤的持水性质[J]. 土壤学报, 1979,16(3):277-281.

[3] 成昌国. 梯田土壤含水量变化规律研究[J]. 中国水土保持,2013(7):58-59.

[4] 董彦丽, 张富, 杨彩红, 等. 半干旱区微集水系统土壤水分调控效果研究[J]. 水土保持通报, 2013,33(5):35-39,44.

[5] 冯天骄, 卫伟, 陈利顶, 等. 黄土丘陵区小流域不同整地措施长期影响下的土壤水力学特性[J]. 环境科学,2017, 38(9):3860-3870.

[6] 冯天骄, 卫伟, 陈利顶, 等. 陇中黄土区坡面整地和植被类型对土壤化学性状的影响[J]. 生态学报,2016,36 (11):3216-3225.

[7] 傅伯杰, 王军, 马克明. 黄土丘陵区土地利用对土壤水分的影响[J]. 中国科学基金,1999(4):225-227.

[8] 甘德欣, 龙岳林, 黄璜, 等. 山地梯田景观的灾害防御机制与效益分析:以紫鹊界梯田为例[J]. 自然灾害学报, 2006(6):106-108.

[9] 高光耀, 傅伯杰, 吕一河, 等. 干旱半干旱区坡面覆被格局的水土流失效应研究进展[J]. 生态学报, 2013, 33(1): 12-22.

[10] 何永涛, 李文华, 李贵才, 等. 黄土高原地区森林植被生态需水研究[J]. 环境科学, 2004, 25(3):35-39.

[11] 和继军, 蔡强国, 方海燕, 等. 张家口地区水土保持措施空间配置效应评价[J]. 农业工程学报, 2009,25(10):69-75.

[12] 胡良军, 邵明安, 杨文治. 黄土高原土壤水分的空间分异及其与林草布局的关系[J]. 草业学报,2004(6):14-20.

[13] 虎久强, 安永平, 李英武. 不同整地方法对造林成效影响的比较研究[J]. 宁夏师范学院学报,2007(3):110-113.

[14] 霍云霈, 朱冰冰. 黄土丘陵区水平梯田保水保土效益分析[J]. 水土保持研究,2013,20(5):24-28.

[15] 李艳梅, 王克勤, 刘芝芹, 等. 云南干热河谷不同坡面整地方式对土壤水分环境的影响[J]. 水土保持学报,2006(1):15-19,49.

[16] 刘宝元, 刘英娜, 张科利, 等. 中国水土保持措施分类[J]. 水土保持学报,

2013,27(2):80-84.

[17] 刘恩斌, 董水丽. 黄土高原主要土壤持水性能及抗旱性的评价[J]. 水土保持通报, 1997, 17(7):20-26.

[18] 刘国彬, 上官周平, 姚文艺, 等. 黄土高原生态工程的生态成效[J]. 中国科学院院刊,2017,32(1):11-19.

[19] 刘世梁, 王聪, 张希来, 等. 土地整理中不同梯田空间配置的水土保持效应[J]. 水土保持学报, 2011, 25(4):59-62,68.

[20] 刘绪军, 刘丙友, 景国臣, 等. 新修梯田对土壤理化性质及作物产量的影响[J]. 水土保持研究,2007(1):276-277,280.

[21] 刘宇, 吴炳方, 曾源, 等. 耦合过程和景观格局的土壤侵蚀水环境影响评价[J]. 应用生态学报, 2013, 24(9): 2581-2589.

[22] 刘宇. 土壤侵蚀研究中的景观连通度:概念、作用及定量[J]. 地理研究, 2016, 35(1):195-202.

[23] 苗晓靖, 徐桂华, 宋芳, 等. 集流梯田工程水土保持效益试验浅析:以黄前流域为例[J]. 水土保持研究, 2006(5): 220-221,224.

[24] 穆兴民, 徐学选, 陈霁巍. 黄土高原生态水文研究[M]. 北京: 中国林业出版社,2001.

[25] 穆兴民, 陈霁伟. 黄土高原水土保持措施对土壤水分的影响[J]. 土壤侵蚀与水土保持学报,1999(4):39-44.

[26] 宁婷, 郭忠升, 李耀林. 黄土丘陵区撂荒坡地土壤水分特征曲线及水分常数的垂直变异[J]. 水土保持学报, 2014, 28(3):166-170.

[27] 邵明安, 王全九, 黄明斌. 土壤物理学[M]. 北京: 高等教育出版社, 2006.

[28] 史玉芳. 不同整地造林对核桃生长结果影响的试验研究[J]. 中国林副特产, 2013(6): 38-39.

[29] 王文焰, 王全九, 张建丰, 等. 甘肃秦王川地区土壤水分运动参数及相关性[J]. 水土保持学报. 2002, 16(3): 110-113.

[30] 王云强, 张兴昌, 韩凤朋. 黄土高原淤地坝土壤性质剖面变化规律及其功能探讨[J]. 环境科学, 2008, 29(4): 1020-1026.

[31] 卫伟, 余韵, 贾福岩, 等. 微地形改造的生态环境效应研究进展[J]. 生态学报, 2013, 33(20): 6462-6469.

[32] 卫伟, 陈利顶, 傅伯杰, 等. 半干旱黄土丘陵沟壑区降水特征值和下垫面因子影响下的水土流失规律[J]. 生态学报,2006, 34(11):3847-3853.

[33] 文波龙, 任国, 张乃明. 云南元阳哈尼梯田土壤养分垂直变异特征研究[J].

云南农业大学学报(自然科学版),2009,24(1):78-81,93.
[34] 吴成基，陶盈科，林明太，等.陕北黄土高原地貌景观资源化探讨[J].山地学报,2005(5):3-9.
[35] 徐敬华，陈云明，邓岚.黄土丘陵半干旱区典型人工林土壤水分特征[J].水土保持通报，2010，30(3):48-52,91.
[36] 徐良富，李洪建，刘太维.晋西北砖窑沟流域几种主要土壤的持水特性[J].土壤通报，1994，25(5):199-200.
[37] 徐学选，张北赢，白晓华.黄土丘陵区土壤水资源与土地利用的耦合研究[J].水土保持学报,2007(3):166-169.
[38] 杨洁，喻荣岗，谢颂华.水土保持措施对红壤坡地果园土壤结构和肥力的影响[J].安徽农业科学，2010,38(33):18784-18786,18802.
[39] 杨磊，卫伟，莫保儒，等.半干旱黄土丘陵区不同人工植被恢复土壤水分的相对亏缺[J].生态学报，2011，31(11):3060-3068.
[40] 杨磊.半干旱黄土丘陵沟壑区植被恢复对土壤水文环境的影响[D].北京:中国科学院，2012.
[41] 于洋，卫伟，陈利顶，等.黄土丘陵区坡面整地和植被耦合下的土壤水分特征[J].生态学报,2016，36(11):3441-3449.
[42] 张涵丹，卫伟，陈利顶，等.典型黄土区油松树干液流变化特征分析[J].环境科学,2015,36(1):349-356.
[43] 张华兵，刘红玉，李玉凤，等.自然条件下盐城海滨湿地土壤水分/盐度空间分异及其与植被关系研究[J].环境科学，2013，34(2):540-545.
[44] 张琪琳，王占礼，王栋栋，等.黄土高原草地植被对土壤侵蚀影响研究进展[J].地球科学进展,2017,32(10):1093-1101.
[45] 张青峰，吴发启，王力，等.黄土高原生态与经济系统耦合协调发展状况[J].应用生态学报,2011,22(6):1531-1536.
[46] 张维国，曹丽萍.反坡梯田整地效果的探讨[J].防护林科技，2008(5):126,130.
[47] 张彦军，郭胜利，南雅芳，等.水土流失治理措施对小流域土壤有机碳和全氮的影响[J].生态学报,2012,32(18):5777-5785.
[48] 赵芹珍，蔡继清.微集流种植对旱作梯田作物生长与产量性状的影响[J].山西农业科学，2012,40(6):624-627.
[49] 朱红春，张友顺.陕北黄土高原坡耕地生态退耕经济效益评价与分析[J].水土保持研究，2003(2):41-43.

[50] Asseng S, Hsiao T C. Canopy CO_2 assimilation, energy balance, and water use efficiency of an alfalfa crop before and after cutting[J]. Field Crops Research, 2000,67(3):191-206.

[51] Baumhardt R L, Jones O R. Residue management and tillage effects on soil water storage and grain yield of dryland wheat and sorghum for a clay loam in Texas [J]. Soil & Tillage Research, 2002,68(2):71-82.

[52] Bevington J, Piragnolo D, Teatini P, et al. On the spatial variability of soil hydraulic properties in a Holocene coastal farmland[J]. Geoderma, 2016, 262: 294-305.

[53] Bieganowski A, Ryzak M, Witkowska-walczak B. Determination of soil aggregate disintegration dynamics using laser diffraction[J]. Clay Minerals, 2010, 45(1): 23-34.

[54] Boerner R E J, Scherzer A J, Brinkman J A. Spatial patterns of inorganic N, P availability, and organic C in relation to soil disturbance: a chronosequence analysis[J]. Applied Soil Ecology, 1998, 7(2): 159-177.

[55] Borselli L, Cassi P, Torri D. Prolegomena to sediment and flow connectivity in the landscape: A GIS and field numerical assessment[J]. Catena, 2008, 75 (3): 268-277.

[56] Bosch J M, Hewlett J D. A review of catchment experiments to determine the effect of vegetation changes on water yield and evapotranspiration[J]. Journal of Hydrology, 1982, 55:3-23.

[57] Cevasco A, Pepe G, Brandolini P. The influences of geological and land use settings on shallow landslides triggered by an intense rainfall event in a coastal terraced environment[J]. Bulletin of Engineering Geology and the Environment, 2014, 73(3): 859-875.

[58] Dastjerdi M T, Habibagahi G, Nikooee E. Effect of confining stress on soil Water Retention Curve and its Impact on the Shear Strength of Unsaturated Soils[J]. Vadose Zone Journal,2014,13(5):1-11.

[59] De Baets S, Poesen J, Knapen A, et al. Root characteristics of representative Mediterranean plant species and their erosion-reducing potential during concentrated runoff[J]. Plant and Soil,2007a, 294(1-2): 169-183.

[60] De Baets S, Poesen J, Knapen A, et al. Impact of root architecture on the erosion-reducing potential of roots during concentrated low[J]. Earth Surface

Processesand Landforms, 2007b, 32(9):1323-1345.

[61] Duan X, Wang Y H, Yu P T, et al. Rainfall redistribution and its influencing Factors of Typical Forest Vegetation in the Ditch Watershed, Liupan Mountains [J]. Journal of Soil & Water Conservation, 2010, 24:120-125.

[62] Eswaran H, Beinroth F, Reich P. Global land resource and population-supporting capacity[J]. American Journal of Alternative Agriculture, 1999, 14:129-136.

[63] Famiglietti J S, Rudnicki J W, Rodell M. Variability in surface moisture content along a hillslope transect: Rattlesnake Hill, Texas [J]. Journal of Hydrology, 1998, 210:259-281.

[64] Gao X R, Zhao Q, Zhao X, et al. Temporal and spatial evolution of the standardized precipitation evapotranspiration index (SPEI) in the Loess Plateau under climate change from 2001 to 2050[J]. Science of the Total Environment, 2017, 595:191.

[65] Gómez-Plaza A, Alvarez-Rogel J, Albaladejo J, et al. Spatial patterns and temporal stability of soil moisture across a range of scales in a semi-arid environment [J]. Hydrological Processes, 2015, 14:1261-1277.

[66] Gong J, Chen L D, Fu B J, et al. Integrated effects of slope aspect and land use on soil nutrients in a small catchment in a hilly loess area, China[J]. International Journal of Sustainable Development & World Ecology, 2007, 14:307-316.

[67] Haefele S M, Wopereis M C S, Donovan C, et al. Improving the productivity and profitability of irrigated rice production in Mauritania[J]. European Journal of Agronomy, 2001, 14:181-196.

[68] Hawley M E, Jackson T J, Mccuen R H. Surface soil moisture variation on small agricultural watersheds[J]. Journal of Hydrology, 1983, 62:179-200.

[69] Huang C Q, Zhao W, Liu F, et al. Environmental significance of mineral weathering and pedogenesis of loess on the southernmost Loess Plateau, China[J]. Geoderma, 2011, 163:219-226.

[70] Huang M, Zhang L. Hydrological responses to conservation practices in a catchment of the Loess Plateau, China[J]. Hydrological Processes, 2004, 18: 1885-1898.

[71] Kargas G, Londra P A. Effect of tillage practices on the hydraulic properties of a loamy soil[J]. Desalination and Water Treatment, 2015, 54: 2138-2146.

[72] Lalibert G E, Brooks R H. Hydraulic properties of disturbed soil materials

affected by porosity[J]. Soil Science Society of America Proceedings, 1967, 31: 451-454.

[73] Lin L R, Chen J Z. The effect of conservation practices in sloped croplands on soil hydraulic properties and root-zone moisture dynamics [J]. Hydrological Processes, 2015, 29: 2079-2088.

[74] Liu J G, Li S X, Ouyang Z Y, et al. Ecological and socioeconomic effects of China's policies for ecosystem services[J]. Proceedings of the National Academy of Sciences of the United States of America, 2008,105: 9477-9482.

[75] Liu S L, Dong Y H, Li D, et al. Effects of different terrace protection measures in a sloping land consolidation project targeting soil erosion at the slope scale[J]. Ecological Engineering,2013,53: 46-53.

[76] Mabit L, Bernard C, Makhlouf M, et al. Spatial variability of erosion and soil organic matter content estimated from ^{137}Cs measurements and geostatistics[J]. Geoderma, 2008, 145: 245-251.

[77] Martinez-Turanzas G A, Coffin D P, Burke I C. Development of microtopography in a semiarid grassland: Effect of disturbance size and soil texture[J]. Plant and Soil, 1997, 191: 163-171.

[78] Massawe A W, Rwamugira W, Leirs H, et al. Influence of land preparation methods and vegetation cover on population abundance of Mastomys natalensis in Morogoro, Tanzania[J]. Belgian Journal of Zoology, 2005,135: 187-190.

[79] Mohanty B P, Skaggs T H. Spatio-temporal evolution and time-stable characteristics of soil moisture within remote sensing footprints with varying soils, slope, and vegetation[J]. Advances in Water Resources,2001, 24:1051-1067.

[80] Moore I D, Burch G J, Mackenzie D H. Topographic Effects on the Distribution of Surface Soil Water and the Location of Ephemeral Gullies[J]. Transactions of the Asae, 1988, 31:1098-1107.

[81] Moreira W H, Tormena C A, Karlen D L, et al. Seasonal changes in soil physical properties under long-term no-tillage [J]. Soil & Tillage Research, 2016, 160:53-64.

[82] Paningbatan E P. Management of soil erosion for sustainable agriculture in sloping lands[J]. Philippine Agriculturist, 1994,77:117-123.

[83] Peck A J, Luxmoore R J, Stolzy J L. Effects of spatial variability of soil hydraulic properties in water budget modeling[J]. Water Resources Research, 1977, 13:

348-354.

[84] Rey F. Effectiveness of vegetation barriers for marly sediment trapping[J]. Earth Surface Processes and Landforms, 2004, 29: 1161-1169.

[85] Chow T L, Rees H W, Daigle J L. Effectiveness of terraces/grassed water way systems for soil and water conservation: A field evaluation[J]. Journal of Soil and Water Conservation, 1999,543:577-583.

[86] Taha A, Gresillon J M, Clothier B E. Modelling the link between hillslope water movement and stream flow: application to a small Mediterranean forest watershed [J]. Journal of Hydrology, 1997, 203:11-20.

[87] Tesfahunegn G B, Tamene L, Vlek P L G. Catchment-scalespatial variability of soil properties and implications on site-specific soil management in northern Ethiopia[J]. Soil and Tillage Research, 2011, 117: 124-139.

[88] Wang J, Huang J, Wu P T, et al. Effects of soil managements on surface runoff and soil water content in jujube orchard under simulated rainfalls[J]. Catena, 2015,135: 193-201.

[89] Wang W Y, Wang Q J, Zhang J F,et al. Soil hydraulic properties and correlation in Qingwangchuan Area of Gansu Province[J]. Journal of Soil Water Conservation, 2002, 16:110-113.

[90] Yang L, Wei W, Chen L, et al. Response of temporal variation of soil moisture to vegetation restoration in semi-arid Loess Plateau, China[J]. Catena, 2014, 115: 123-133.

[91] Yi C Q, Fan J. Application of HYDRUS-1D model to provide antecedent soil water contents for analysis of runoff and soil erosion from a slope on the Loess Plateau[J]. Catena,2016,139: 1-8.

[92] Yu Y, Jia Z. Changes in soil organic carbon and nitrogen capacities of Salix cheilophila Schneid along a revegetation chronosequence in semi-arid degraded sandy land of the Gonghe Basin, Tibet Plateau[J]. Solid Earth, 2014, 5:1045-1054.

[93] Yu Y, Wei W, Chen L, et al. Land preparation and vegetation type jointly determine soil conditions after long-term land stabilization measures in a typical hilly catchment, Loess Plateau of China[J]. Journal of Soils & Sediments, 2017, 17:144-156.

[94] Zhang H B, Liu H Y, Li Y F, et al. Spatial Variation of Soil Moisture/Salinity

and the Relationship with Vegetation Under Natural Conditions in Yancheng Coastal Wetland[J]. Environmental Science, 2013, 34:540-545.

[95] Zhang Z S, Chen Y L, Xu B X, et al. Topographic differentiations of biological soil crusts and hydraulic properties in fixed sand dunes, Tengger Desert[J]. Journal of Arid Land, 2015, 7(2):205-215.

[96] Zhao X, Li Z, Zhu Q. Change of precipitation characteristics in the water-wind erosion crisscross region on the Loess Plateau, China, from 1958 to 2015[J]. Scientific Reports, 2017, 7:1-15.